国家级职业教育教师教学创新团队成果
国家级课程思政教学名师和教学团队成果

智能制造专业群系列教材

机器视觉技术及应用

主　编　游青山　蒋华强

副主编　王志明　冉　霞　曾　卓　王亚龙

主　审　高贵军

科学出版社

北　京

内 容 简 介

本书由机电一体化技术国家级职业教育教师教学创新团队牵头，组织各大职业院校骨干教师和企业技术人员共同精心编写而成。本书的编写充分考虑教学规律，突出专业特点，基于领域知识构建、能力提升和素质培养的现实需求，采用项目式、活页式、立体式的方式，介绍典型机器视觉技术的工程应用。本书采用项目-任务的框架结构，以任务导向的教学方法，依次编排了走进机器视觉、认识图像信息处理等内容，实现视觉系统的"识别、定位、测量、检测"四大功能。本书特色鲜明，适用性强，实例丰富，选材典型，注重实际操作训练；植入丰富的学习资源，读者可随时随地"扫一扫"，更直观方便地进行学习；有机融入课程思政，将工程案例、先进技术融入，体现了"教、学、做"一体化。

本书可作为高职高专和本科层次职业院校自动化类、电子类专业"机器视觉技术"相关课程的教学用书，还可作为企业工程技术人员、机器视觉技术爱好者的参考书。

图书在版编目（CIP）数据

机器视觉技术及应用 / 游青山，蒋华强主编. -- 北京：科学出版社，2025. 6.
（智能制造专业群系列教材）. -- ISBN 978-7-03-079903-6

Ⅰ. TP302.7

中国国家版本馆 CIP 数据核字第 2024D736R0 号

责任编辑：张振华 / 责任校对：马英菊
责任印制：吕春珉 / 封面设计：东方人华平面设计部

科学出版社出版

北京东黄城根北街 16 号
邮政编码：100717
http://www.sciencep.com

天津市新科印刷有限公司印刷
科学出版社发行　　各地新华书店经销

*

2025 年 6 月第 一 版　　开本：787×1092　1/16
2025 年 6 月第一次印刷　　印张：18 1/2
字数：430 000

定价：68.00 元
（如有印装质量问题，我社负责调换）

销售部电话 010-62136230　编辑部电话 010-62135120-2005

前　言

"互联网+"等国家发展战略正前所未有地推进信息化与工业化深度融合，先进的信息技术成为引领和衡量社会迈向高度现代化的支撑性技术之一。当前，机器视觉技术已经成为人工智能发展最快、落地最实的分支之一。"智能+"的发展有目共睹，尤其是机器视觉系统在近年来的发展极为迅猛，让越来越多的设备拥有了感知物理世界的能力，因而被广泛应用于智能制造、智慧农业、智慧城市、智慧交通、智慧安防等诸多领域。机器视觉技术是企业智能化和数字化转型升级战略中的必选项，是产业升级的新动力。

机器视觉经历了近 20 年的高速增长，我们认为机器视觉仍然是一个有较强成长动力的行业，主要驱动因素来自两个方面：一是对机器代人过程的不断进行，二是技术进步使得更多需求得以释放。前者的底层逻辑主要是人口红利的消失及人生理能力的局限性，后者的底层逻辑主要是生产过程向更高效、更精确、更优质方向进化。随着时间推移，上述驱动因素的作用力不断增长，使得机器视觉在智能制造中的地位从"可选"逐步向"必选"迈进。

本书以机器视觉技术的应用为主线，以全国职业院校技能大赛高职组"机器视觉系统应用"赛项技术平台为项目教学载体，从实际工程入手，在了解、学习真实工程项目的基础上，提炼出机器视觉系统的核心技术，将复杂难懂的图形图像处理算法工具化，采用图形化编程形式，强化读者解决机器视觉系统现场问题的逻辑思维能力训练，注重解决实际问题的编程应用能力培养，实现"赛课融通"；本书与"工业视觉系统运维"1+X 证书中级标准对接，实现"课证融通"；采用项目化编写方式，工程案例丰富，教材配套了数字化资源，可通过二维码获取。

本书基于视觉系统的"识别、定位、测量、检测"四大功能，对接全国职业院校技能大赛"机器视觉系统应用"赛项及"工业视觉系统运维"1+X 证书（中级）标准，设计包括走进机器视觉等 8 个项目。每个项目首先进行项目导入，然后列出本项目的学习目标，包括知识目标、能力目标和素质目标；每个项目均包含若干工作任务，每个工作任务以任务描述、任务要求、任务准备、任务实施、任务评价、任务拓展、知识链接、工作手册等模块进行展开，层层递进，环环相扣，将知识点、技能点、思政映射点等进行贯穿，集"教、学、做"于一体，突出"工学结合"，落实课程思政、专业思政。

本书体系结构合理，逻辑清晰，内容新颖，重点突出，工程性强，资源丰富，突出新颖性、系统性、技术性、知识性、趣味性、实用性和可操作性等特点。本书有丰富的优质学习资源支持，配有 PPT 演示文稿、微课视频、参考程序软件、动画课件和精品资源共享课网站等，提供课内学习与课外拓展、课程学习与自评自测相结合的集成学习平台。

本书由重庆工程职业技术学院游青山、蒋华强担任主编，由金华职业技术大学王志明、中煤科工集团重庆研究院有限公司冉霞、重庆工程职业技术学院曾卓、深圳市物新智能科技有限公司王亚龙担任副主编。具体编写分工如下：游青山、王志明编写项目 1、项目 4、项目 5，蒋华强编写项目 2、项目 3、项目 6，冉霞编写项目 7，曾卓编写项目 8，王亚龙负责资料搜集和整理、案例编写、图表绘制、工程技术资料和项目验证。深圳市物新智能科技有限公司汤晓华教授给予了全程编写指导，太原理工大学高贵军教授对全书进行了审定。

本书的出版得到重庆市科学技术局自然基金（项目编号：cstc2020jcyj-msxmX0793）、国家级职业教育教师教学创新团队课程研究项目（项目编号：YB202010203）、重庆市教育委员会科学技术研究计划项目（项目编号：KJQN202303405）、重庆市教育委员会人文社会科学研究项目（项目编号：20SKSZ088、21SKGH353）的资助。

武汉筑梦科技有限公司、深圳市物新智能科技有限公司、中煤科工集团重庆研究院有限公司、重庆芯力源科技有限公司的工程技术人员对本书的编写提供了宝贵的参考意见和丰富的课程资源，在此一并表示衷心的感谢！衷心感谢参考文献中所列的各位作者，包括众多未能在参考文献中一一列出的作者，正是因为他们在各自领域的独到见解和特别的贡献，为编者提供了宝贵而丰富的参考资料，编者才能够在总结现有成果的基础上，汲取各家之长，不断凝练提升，最终使本书得以付梓。

本书的出版体现了我们在此领域的最新努力，其间融入了"立德树人""三全育人"的情怀，限于编者自身的水平和学识，书中难免存在疏漏和不妥之处，诚望各位专家和广大读者不吝赐教，以利修正，让更多的读者获益。编者电子邮箱：47800105@qq.com。

目　　录

1 项目

走进机器视觉

>>>>

◎ 项目导入

　　千百万年的进化赋予人类眼睛以视觉，使我们感受到大海的蔚蓝、花的鲜艳，蓝天白云下，眼睛引导我们去劳作，让我们去运动、去学习、去生活。眼睛让我们的世界缤纷多彩。事实上，"看"是人类与生俱来的能力。人们能从结构复杂的图片中找到关注重点，在昏暗的环境下认出熟人。婴儿在经过一段时间后就能模仿父母的表情，能够根据特定的外貌特征识别母亲、父亲，依靠眼睛观察、识别周围的世界。

　　眼睛——视觉器官，负责收集、捕捉自然界的各种颜色及物体空间信息并将信息传递给大脑，进而准确地判断与表达远近、高低、明暗。如果把产生视觉感觉的眼睛比作人体的视觉系统，那么即使以挑剔的眼光来审视它们，我们也要由衷地赞叹其构造的精美、功能的卓著。而种类繁多的视觉传感器的出现，突破了人的视觉感官的局限，使人类的视觉在广度、深度、速度、准确度上都得到了延伸。然而，如何使这些视觉传感器不仅具有感知能力，同时还具有敏锐的认知与判断能力呢？

　　随着人工智能的发展，机器视觉技术也试图在这项能力上匹敌甚至超越人类，那么你了解计算机视觉的发展历史吗？知道它是如何应用于图像检测、缺陷检测等领域的吗？

◎ 学习目标

知识目标

1. 掌握机器视觉的概念及其与计算机视觉的异同；
2. 了解机器视觉的优点及发展趋势；
3. 掌握机器视觉系统的组成及基本功能；
4. 掌握玻璃缺陷检测机器视觉系统的工作原理及过程；
5. 掌握工业相机、镜头的选型方法及连接安装方式。

能力目标

1. 能进行工业相机、镜头、光源的选型；
2. 能完成工业相机、镜头、光源的调试。

素质目标

1. 坚定技能报国、民族复兴的信念，立志成为行业拔尖人才；
2. 树立正确的学习观，培养职业认同感、责任感和荣誉感。

任务 1.1

认知机器视觉

任务描述

假设某工业园区有众多信息化水平不高的中小型制造企业，他们对机器视觉技术认识不深刻，也没有强烈的系统升级需求。而你作为机器视觉系统专家，需帮助这些企业负责人或技术人员提升对机器视觉系统的认知水平。

任务要求

通过小组合作及查询资料，采用手绘海报的方式系统介绍机器视觉技术：

（1）描述机器视觉的概念、机器视觉与计算机视觉的异同；

（2）描述机器视觉的优点及发展趋势；

（3）描述机器视觉系统的组成及基本功能；

（4）描述玻璃缺陷检测机器视觉系统的工作原理及过程。

任务准备

（1）以 4～6 人为一个小组；

（2）各小组使用个人计算机或手机上网查找资料；

（3）各小组准备 A3 白纸、勾线笔、12 色以上马克笔、直尺、橡皮擦若干。

任务实施

（1）描述机器视觉的概念、机器视觉与计算机视觉的异同；

（2）描述机器视觉的优点及发展趋势；

（3）描述机器视觉系统的组成及基本功能；

（4）描述玻璃缺陷检测机器视觉系统的工作原理及过程；

（5）各小组依次答辩展示。

任务评价

任务评价如表 1-1-1 所示。

表 1-1-1　任务评价

基本信息		认知机器视觉任务					
基本信息	班级		学号		分组		
	姓名		时间		总分		
项目内容	评价内容			分值	自评	小组互评	教师评价
任务考核（60%）	描述机器视觉的概念、机器视觉与计算机视觉的异同			20			
	描述机器视觉的优点及发展趋势			20			
	描述机器视觉系统的组成及基本功能			30			
	描述玻璃缺陷检测机器视觉系统的工作原理及过程			30			
	任务考核总分			100			
素养考核（40%）	操作安全、规范			20			
	遵守劳动纪律			20			
	分享、沟通、分工、协作、互助			20			
	资料查阅、文档编写			20			
	精益求精、追求卓越			20			
	素养考核总分			100			

任务拓展

（1）举例描述中国古代对光学发展的贡献（如小孔成像与记录等）；
（2）描述机器视觉系统应用大赛系统设备的整体结构。

知识链接

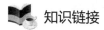　**小孔成像与记录**

中华文化源远流长，早在两千多年以前，墨翟（墨子）就和他的学生做了世界上第一个小孔成像的实验，如图 1-1-1 所示。《墨经》中这样记录了小孔成像：

"景到，在午有端，与景长，说在端。""景：光之人，煦若射。下者之人也高，高者之人也下。足蔽下光，故成景于上；首蔽上光，故成景于下。在远近有端与于光，故景库内也。"

意思是："影像之所以倒转，在于光线交错处有一点状小孔，同时，影像与物体有一定长度（距离）。因为点状小孔极小。""影像：光线照到人身上，像箭射入小孔一样。照到人的最下部位反射而成人的最高部位，照到人的最高部位反射而成人的最下部位。人足在下遮蔽着下光，所以脚的影像映在壁的上方；人头在上遮蔽着上光，所以头的影像映在壁的下方。由于在物体的远处或近处有一点状小孔和物体被光线直线所射，所以影像倒立在暗盒内部的壁上。"

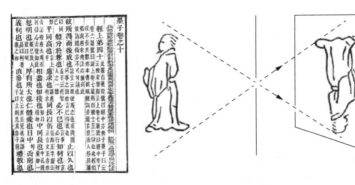

图 1-1-1 墨子《墨经》记载小孔成像实验示意图

《墨经》在两千多年前关于小孔成像的描述，与照相光学所讲的是完全吻合的。

14 世纪中叶，元代天文学家和数学家赵友钦在他所著的《革象新书》中进一步详细地考察了日光通过墙上孔隙所形成的像和孔隙之间的关系，用严谨的实验来证明光的直线传播，阐明小孔成像的原理，这在当时世界上是绝无仅有的。

15 世纪末期，文艺复兴时代，意大利人达·芬奇（1452—1519）在科学著作中就记述了一种暗箱，人们可用其辅助绘画或写生。这种暗箱是一个密不透光的箱子或一座没光的暗室。在箱壁凿个小孔，让箱外物景光影穿过此孔，在箱内壁上构成倒影。画家坐在箱内，铺张纸在倒影处，即可描成图像。达·芬奇在《大西洋古抄本》中绘制的眼球解剖剖面图及"暗箱"，展示了可以用来写生、描绘使用的工具。达·芬奇将暗箱的工作原理比拟为眼睛的工作原理。

达·芬奇的暗箱绘画技巧为达盖尔摄影术的发展提供了启发，这得益于欧洲鼓励科学探索精神。在达盖尔之后的几十年里，各种摄影成像技术被不断探索和尝试着，经过湿版和铁版（又称锡版），直到透明塑料加明胶工艺的发明，摄影术再一次获得了突飞猛进的发展机会。

暗箱，经人们的智慧改良，通过在小孔上配备玻璃镜头，提升了影像的细致度。同时，暗箱本身也被改造为体积小、轻便好携带的小匣子，广受画家们喜爱，成为他们绘画辅助的好工具。有人还尝试把双凸透镜镶置在暗箱孔上，从而获得更加清晰、明确的影像。

1568 年，意大利人丹尼尔·巴尔巴洛（Daniel Barbaro）出版《远近实际方法》。书中描述了一种方法：在暗箱的小孔上拴一条绳子，通过拉动绳子可以调节小圆孔的大小，从而控制并获得极为清晰的影像。

1573 年，意大利数学兼天文学家丹提在所著《欧几里得远近法》一书中，阐述了使用凹面镜片可以将倒立影像转变为正立影像的方法，这一方法为摄影技术带来了显著的改进。

1611 年，卡皮尔（Kepler）首创使用凹透镜与凸透镜的复合透光，更为暗箱内的影像呈现前所未有的摄影明晰度。世人推崇他为照相光学的始祖。

1666 年，英国大科学家牛顿发现光的折射会导致色散现象的理论，他用三棱镜将日光折射分解出红、橙、黄、绿、蓝、靛蓝、紫七色。他创立了近代物理光学的新学说。

后来，感光存影的方法被发明。摄影机具（如照相机）、摄影材料（如感光底片、显影剂），甚至影像由黑白发展为彩色等应运而生。至此，人类实现了模仿眼睛的发现、记录功能，相机作为一种装置将眼睛看到的画面记录下来。

知识点 1.1.2　**机器如何理解世界**

20 世纪 50 年代，科学家们开始提出机器视觉的概念，其早期研究主要始于统计模式识别，工作主要集中在二维图像的分析与识别上，如光学字符识别（optical character recognition，OCR）、工件表面图片分析、显微图片和航空图片分析与解释。

微课：机器视觉发展史

1. 视觉被简化为由几何形状构成

机器视觉的历史是从 1963 年开始的，Lary Roberts 在 1963 年所写的博士论文 "Block World" 中，专注于基于边缘信息去识别场景中不同的块状物（block），即通过算法在不同角度和光照条件下，基于形状信息判断照片中的块状物是否为同一个物体。

Roberts 对积木世界进行了深入研究。研究的范围从边缘、角点等特征提取，到线条、平面、曲面等几何要素分析，一直到图像明暗、纹理、运动及成像几何等，并建立了各种数据结构和推理规则。Roberts 从数字图像中提取出诸如立方体、楔形体、棱柱体等多面体的三维结构，并对物体形状及物体的空间关系进行描述。他的研究工作开创了以理解三维场景为目的的三维机器视觉的研究，其中视觉世界被简化为简单的几何形状，如图 1-1-2 所示，目的是使这些形状能够被识别并重建。

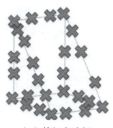

（a）原图　　　　　　　（b）轮廓差分图　　　　　　　（c）特征点选择

图 1-1-2　视觉世界被简化为简单的几何形状示意图

20 世纪 60 年代早期，在 Marvin Minsky 的领导下，麻省理工学院（Massachusetts Institute of Technology，MIT）的人工智能实验室成立。同一时期，John McCarthy 在斯坦福大学也建立了人工智能实验室，而在 1966 年夏天，MIT 人工智能实验室的教授试图解决计算机视觉领域的理论问题，人工智能学家 Minsky 在给读者布置的作业中，要求读者通过编写一个程序让计算机告诉他们通过摄像头看到了什么，这也被认为是计算机视觉最早的任务描述。

2. 视觉是分层的，从线条开始识别

20 世纪 70 年代，随着电子计算机的出现，计算机视觉技术也初步萌芽。人们开始尝试让计算机回答出它看到了什么东西，于是首先想到的是从人类看东西的方法中获得借鉴。

借鉴之一是，当时人们普遍认为，人类能看到并理解事物，是因为人类通过两只眼睛可以立体地观察事物。因此，要想让计算机理解它所看到的图像，必须先将事物的三维结构从二维的图像中恢复出来，这就是所谓的"三维重构"的方法。

借鉴之二是，人们认为人之所以能识别出一个苹果，是因为人们已经知道了苹果的先验知识，如苹果是红色的、圆的、表面光滑的，如果给机器也建立一个这样的知识库，让机器将看到的图像与库里的储备知识进行匹配，是否可以让机器识别乃至理解它所看到的东西呢？这是所谓的"先验知识库"的方法。

在视觉处理的理论建立方面不能不提的另一个人是马尔，马尔教授在 MIT 的人工智能（artificial intelligence，AI）实验室领导一个以博士生为主体的研究小组，于 1977 年提出了不同于"积木世界"分析方法的计算视觉理论。他认为计算机为了获取视觉世界完整的 3D 图像，需要经历几

微课：AI 视觉技术

个阶段，如图 1-1-3 所示：第一个阶段是将已感知的图像输入计算机，得以初步判断图像信息，如色彩和强度；第二个阶段是基于基本草图（edge image），得到大部分边缘、端点和虚拟线，这是受到了神经科学的启发；第三个阶段是马尔所说的"2.5D 草图"（2.5D sketch），我们开始将表面、深度信息、不同的层次及视觉场景等拼凑在一起；最后一个阶段是将所有的内容放在一起，组成一个 3D 模型。他认为视觉处理过程的 4 个阶段是存在合理性的，如果人脑不能建立一种 3D 模型，那么将无法对诸如遮挡、碰撞等问题进行推理。

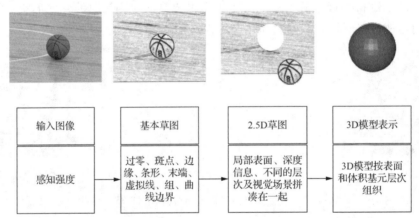

图 1-1-3　马尔理论中计算机获取视觉世界完整的 3D 图像经历的阶段

3．独立学科形成，计算机视觉从实验室走向应用

1982 年，马尔发表了有影响的论文——《愿景：对人类表现和视觉信息处理的计算研究》。马尔认为人们认知事物不是看整体的框架，而是看事物的边缘和线条。他认为视觉是一个分层的过程，从线条的识别开始。他介绍了一个视觉框架，其中检测边缘、曲线、角落等的低级算法被用作对视觉数据进行高级理解的铺垫。同年，《视觉》一书问世，这标志着计算机视觉成为一门独立学科。

马尔认为视觉可以看作从三维环境的图像中抽取、描述和解释信息的过程，它可以划分为六个主要部分：①感觉；②预处理；③分割；④描述；⑤识别；⑥解释。再根据实现上述各种过程所涉及的方法和技术的复杂性将它们归类，可分为三个处理层次：低层视觉处理、中层视觉处理和高层视觉处理。

1）感觉

感觉是指获得图像的过程，即数字图像的采集。常见的图像采集装置有摄像机、线扫 CCD 像感器（line scan CCD image sensor）、面阵 CCD 像感器（area scan CCD image sensor）及接触式图像传感器（contact image sensor, CIS）扫描仪等。根据用途不同可采用不同的传感器，它们一般通过采集板连接到计算机上。

2）预处理

普通图像的预处理方法有很多，主要考虑计算机的运算速度和低成本的要求；主要有两种预处理方法：一种是基于空间域的图像处理方法，另一种是基于频域的图像处理方法。它主要解决图像的增强、平滑、尖锐化、滤波及伪彩色处理问题。

3）分割

分割是将图像划分成若干有一定含义的物体的过程。它是视觉技术中重要的一步，常用的分割技术有灰度阈值法、边缘检测、匹配和拟合、区域跟踪和增长、迭代松弛法及运动分割等。

4）描述

描述是为了进行识别而从物体中抽取特征的过程。在理想情况下，描述符应该含有足够多的可用于鉴别的信息，以便在众多的物体中唯一地识别某物体。描述符的质量会影响识别算法的复杂性，也会影响识别的性能，描述可分为对图像中各个部分的描述及各部分间关系的描述。

5）识别

识别是一种标记过程。识别算法的功能在于识别景物中每个已分割的物体，并赋予该物体以某种标记。识别方法可分为两大类：决策理论方法和结构方法。决策理论方法以定量描述为基础，即统计模式识别方法；而结构方法依赖于符号描述及它们的关系，即句法模式识别方法。

微课：识别

6）解释

解释可以看作机器人对其环境具有的更高级的认知行为。例如，对于装配线上的机器人，可通过安装于传送带上的视觉系统自动地识别出装配所需要的零件，测量出空间坐标，命令机械手进行装配。

马尔的计算视觉理论框架有三个层次，包括计算理论、表示与算法及算法实现。

计算理论层次：主要表述视觉系统的计算目的和策略是什么，视觉系统的输入和输出是什么，以及如何由系统的输入求出系统的输出等。

表示与算法层次：主要说明如何表示输入/输出信息、如何实现计算理论所对应的功能算法，以及如何由一种表示转换为另一种表示。

算法实现层次：主要是在物理上如何实现这些表示与算法。

由于马尔认为算法实现并不影响算法的功能和效果，所以，马尔计算视觉理论主要讨论"计算理论"和"表示与算法"两部分内容。

从 20 世纪 80 年代到 80 年代中期，机器视觉获得蓬勃发展，新概念、新方法、新理论不断涌现。例如，基于感知特征群的物体识别理论框架、主动视觉理论框架、视觉集成理论框架等出现。主动视觉有四个特征：主动性（active）、选择性（selective）、目的性（purposive）、定性性（qualitative）。它是对计算机视觉新的理解，主动视觉根据任务，调整成像参数，选择感兴趣的区域，获取相关的图像信息。

马尔视觉计算理论被提出后，学术界兴起了"计算机视觉"的热潮。人们想到的这种理论的一种直接应用就是给工业机器人赋予视觉能力，典型的系统就是所谓的"基于部件的系统"（parts-based system）。然而，十多年的研究，使人们认识到，尽管马尔计算视觉理论非常完美，但很难像人们预想的那样在工业界得到广泛应用。这样，人们开始质疑这种理论的合理性，甚至提出了尖锐的批评。

1989 年，法国的 Yann LeCun 将一种后向传播风格学习算法应用于 Fukushima 的卷积神经网络（convolutional neural network，CNN）结构，LeCun 发布了 LeNet-5 神经网络，这是第一个引入，并且今天仍在卷积神经网络中使用的一些基本的现代神经网络。

1997 年，伯克利教授 Jitendra Malik 及他的读者 Jianbo Shi 发表了一篇论文，研究人员试图让机器使用图论算法将图像分割成合理的部分，自动确定图像上的哪些像素属于一起，并将物体与周围环境区分开来。

1999 年，David Lowe 发表《基于局部尺度不变特征的物体识别》，标志着研究人员开始停止通过创建三维模型重建对象，而转向基于特征的对象识别。

1999 年，NVIDIA 公司在推销 GeForce 256 芯片时，提出了图形处理单元（graphics processing unit，GPU）的概念。GPU 是专门为了执行复杂的数学和集合计算而设计的数据处理芯片。人们也逐渐认识到已经可以利用计算机视觉去做一些更实际的事。

21 世纪初，图像特征工程出现后，真正拥有标注的高质量数据集。2001 年，Paul Viola 和 Michael Jones 推出了第一个实时工作的人脸检测框架。虽然它不是基于深度学习，但算法仍然具有深刻的学习风格，因为在处理图像时，通过一些特征可以帮助定位面部。5 年后，Fujitsu 发布了一款具有实时人脸检测功能的相机。

2005 年，由 Dalal 和 Triggs 提出的方向梯度直方图（histogram of oriented gradients，HOG）被应用到行人检测上。这是目前计算机视觉、模式识别领域很常用的一种描述图像局部纹理的特征方法。

2006 年，PASCAL VOC（PASCAL 视觉物体识别挑战赛）项目启动。它提供了用于对象分类的标准化数据集及用于访问所述数据集和注释的一组工具。创始人在 2006—2012 年期间举办了年度竞赛，该比赛旨在对生活中常见的 20 种物体进行分类，竞赛允许评估不同对象类识别方法的表现。

2006 年左右，Geoffrey Hilton 和他的读者发明了用 GPU 来优化深度神经网络的工程方法，并在 Science 和相关期刊上发表了论文，首次提出了"深度信念网络"的概念。他给多层神经网络相关的学习方法赋予了一个新名词——深度学习。后来赢得了 2012 年 ImageNet 大赛，并使卷积神经网络家喻户晓。

与此同时，李飞飞等研究者认为生活中远不止 20 种物体，2009 年她发布了包含 22000 个分类、1400 万张图片的 ImageNet 数据集，这是为了检测计算机视觉能否识别自然万物。从 2010 年到 2017 年，基于 ImageNet 数据集共进行了 7 届 ImageNet 挑战赛，其中一项的任务就是对 1000 种类的接近 150 万张图片进行识别，到 2014 年 1000 个物体分类的错误率已经降到了 7%，跟人类眼睛的能力相比差别不大。

随后，深度学习的研究大放异彩，被广泛应用在了图像处理识别领域，后期这些成功的方法基本是用神经网络和深度学习实现的。到目前为止，机器视觉仍然是一个非常活跃的研究领域。

　机器视觉的概念及其与计算机视觉的异同

1. 机器视觉的概念

由于机器视觉涉及多个学科，给出一个精确的定义较为困难。简单来讲，机器视觉可以理解为给机器加装上视觉装置，或者是加装有视觉装置的机器。给机器加装视觉装置的目的是使机器具有类似于人类的视觉功能，从而提高机器的自动化和智能化程度。

微课：机器视觉定义

美国制造工程师协会（Society of Manufacturing Engineers，SME）机器视觉分会和美国机器人工业协会（Robotic Industries Association，RIA）自动化视觉分会关于机器视觉的定义是："Machine vision is the use of devices for optical non-contact sensing to automatically receive and interpret an image of a real scene in order to obtain information and/or control machines or processes."中文意思为："机器视觉是使用光学器件进行非接触感知，自动获取和解释一个真实场景的图像，以获取信息和/或控制机器或生产过程。"

维基百科认为："机器视觉一词的定义各不相同，但都包括用于自动从图像中提取信息的技术和方法。"它与图像处理相反，图像处理的输出是另一幅图像。提取的信息可以是简单的好部分/坏部分信号，也可以是一组复杂的数据，如图像中每个对象的像素、位置和方向。该信息可用于工业上的自动检测、机器人和过程制导、安全监控和车辆制导等应用。这一领域包括大量的技术、软件和硬件产品、综合系统、行动、方法和专门知识。在工业自动化应用中，机器视觉实际上是这些功能的唯一术语。

我们认为机器视觉系统是指通过机器视觉传感器（即图像摄取装置，分 2D 和 3D 两类）把图像抓取到，然后将该图像传送至处理单元，通过数字化处理，根据像素分布和亮度、颜色等信息来进行尺寸、形状、颜色、位置、坐标等的判别。进而根据判别的结果来控制现场的设备动作。简单地说，所谓的机器视觉，就是利用机器代替人的眼睛及大脑来做出各种测量和判断，然后对相关的运动设备进行相应控制。人工检测与机器视觉系统检测比较如图 1-1-4 所示。

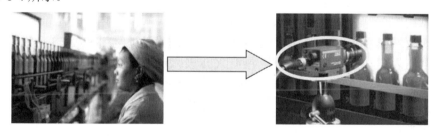

图 1-1-4　人工检测与机器视觉系统检测比较

2. 机器视觉与计算机视觉的异同

前面我们回顾机器是如何理解世界的，主要说的是计算机视觉，计算机视觉（computer vision，CV），是指从一张图像或一系列图像中自动提取、分析和理解有用信息。它涉及理论和算法基础的发展，研究如何使计算机从数字图像或视频中获得高层次的理解。

从学科方面而言，机器视觉（machine vision，MV）与计算机视觉都被认为是人工智能的下属科目，两者既有联系又有区别。机器视觉与计算机视觉有很多相似之处，在架构上都是基础层+技术层+应用层，并且两者的基本理论框架、底层理论、算法等是相似的，因此机器视觉与计算机视觉在图像处理的技术和应用领域上会有一定重叠。

简单地说，计算机视觉属于计算机"科学"，是计算机科学基础上的一种形式；机器视觉作为一门系统工程"学科"，有别于计算机视觉，它是跨学科的。机器视觉是计算机视觉在工厂自动化中的应用，传统的机器视觉主要应用于工业领域。

从狭义的图像处理的角度出发，机器视觉属于计算机视觉的一个分支。但机器视觉系统中一定包含硬件，相对而言更偏重行业应用。计算机视觉系统中不一定包含硬件，更偏重算法的实现。

现在，机器视觉广泛代指在工厂、装配厂和其他工业环境中使用的自动化成像系统，正如在装配线上工作的检验人员通过目视检查零件来判断工艺质量一样，视觉工程师通过将视觉器件、控制器件与图像处理软件的有机组合，构建一套完整的处理流程，完成识别、定位、引导、测量、检测等综合功能。

知识点 1.1.4　机器视觉的发展历程和发展趋势

历经多年的发展，特别是近几年的高速发展，机器视觉已经形成了一个特定的行业。机器视觉的概念与含义也在不断丰富，人们在说机器视觉这个词语时，可能是指"机器视觉系统""机器视觉产品""机器视觉行业"等。机器视觉涉及光源和照明技术、成像元器件（半导体芯片、光学镜头等）、计算机软硬件（图像增强和分析算法、图像卡、I/O 卡等）、自动控制等各个领域。然而，机器视觉其实是一门新兴的综合跨学科技术，其随着光学技术、芯片技术、计算机技术的发展而不断成长，真正应用在行业的历程其实并不长。

1．机器视觉的发展历程

1969 年秋天，大约是阿帕网正式启动的时候，贝尔实验室的两位科学家 Willard S. Boyle 和 George E. Smith 正忙于电荷耦合器件（charge coupled device，CCD）的研发。CCD，一种将光子转化为电脉冲的器件，很快成为高质量数字图像采集任务的新宠。两位科学家还因这项工作在 2009 年 10 月被授予诺贝尔物理学奖。

1975 年 12 月，柯达公司工程师 Steven Sasson 创造性地利用 Super 8 摄像机的废弃零件、一个电压表、一个 100100 像素的精细 CCD 及六块电路板，制造出了世界上第一台数码相机。这个 8 磅（8 磅≈3.6kg）重的数码相机用 23s 拍摄了一张百万像素级的黑白图像。拍摄下来的图片被记录在盒式磁带上，并可以在黑白电视机上显示，这是人类历史上的第一台数码相机。

1982 年，美国 COGNEX 公司推出了读取、验证和确认零件和组件上印刷字母、数字和符号的视觉系统 DataMan，这是世界上第一套工业光学字符识别系统。

进入 20 世纪 90 年代，随着计算机处理能力的提升，大部分计算机具备了彩色显示器，能够处理多媒体文件。计算机视觉也进入了处理彩色图像的时代，也开始广泛应用于工业领域。中央处理器（central processing unit，CPU）、数字信号处理器（digital signal processor，DSP）等图像处理硬件技术有了飞速进步，同时人们也开始尝试不同的算法，这为机器视觉的飞速发展提供了有利条件。

2010 年以后，借助于深度学习的力量，计算机视觉技术得到了爆发增长和产业化。通过深度神经网络，各类视觉相关任务的识别精度都得到了大幅提升。从全球机器视觉行业的当前格局来看，中国、德国、美国、日本等国家占据了机器视觉技术及应用的绝大部分市场。

国内机器视觉起步于 20 世纪 80 年代，20 世纪末和 21 世纪初进入发展初期，2010 年前后至今一直在高速发展，特别是基于发光二极管（light emitting diode，LED）光源的任意光场设计使机器视觉在各种行业应用成为可能。随着工业自动化程度的不断提高和对质量更加严格的要求，机器视觉大量代替人工检测成为必然。

另外，中国早期的工业设备自动化程度普遍较低，因此需要大量的更新换代，这些都构成了机器视觉的大量市场需求。随着机器视觉技术的逐渐进步，国内科技公司不断开发和推出相应的产品。从相机、镜头、光源到图像处理软件等，国内陆续涌现一批技术成熟的研发型厂商。受到制造业人口红利消退、智能制造利好政策的刺激及工厂自动化亟待提高等多重因素的共同作用，中国已成为世界机器视觉发展最有潜力和最为活跃的地区之一。

2．机器视觉的发展趋势

随着机器视觉应用场景的复杂多样，其与深度学习算法、3D 应用技术、互联互通标准等技术的融合也越来越紧密。

1）深度学习算法

深度学习算法模拟类似人脑的层次结构，通过深度神经网络建立从低级信号到高层语义的映射，以实现数据的分级特征表达。深度学习算法被引入机器视觉图像处理系统来进行外观检测，使识别过程更智能，视觉信息处理能力更强大。

2）3D 应用技术

随着 3D 应用技术的不断深入，越来越多的 3D 重构技术被引入机器视觉，如结构光、对焦测距（depth from focus，DFF）、飞行时间（time of flight，TOF）、立体视觉、光度立体法等。3D 图像处理与分析的算法也被研究得越来越广泛，将成为机器视觉的一个主流发展方向。

3）互联互通标准

机器视觉系统内部，以及与智能制造设备之间，与企业的管理系统之间，有必要进行互联互通，使设备和制造管理朝着更智能方向发展。目前在视觉行业内部，欧洲机器视觉协会（European Machine Vision Association，EMVA）、自动成像协会（Automated Imaging Association，AIA）、中国机器视觉协会（China Machine Vision Association，CMVA）、日本工业影像协会（Japan Industrial Imaging Association，JIIA）等合作制定了 GenICam 标准。AIA 制定了 GigE Vision、USB3 Vision 等相机通信协议。视觉行业还与其他行业协会合作，不断拓展互联互通的外延，旨在促成视觉系统与其他行业的互联互通。

知识点 1.1.5　机器视觉的优点

机器视觉系统的特点是测量精确、稳定、快速，可大幅度提高生产的柔性及自动化程度以提高生产效率，且易于实现信息集成，是实现计算机集成制造的核心技术之一。例如，机器视觉被用在一些不适合人工作业的危险环境，在当前大批量工业自动化生产过程中，用人工检查产品质量效率过低且精度不高和其他一些人工视觉难以满足要求的场合。在世界上现代自动化生产过程中，机器视觉已经被广泛用于工况监控、成品检验及其他质量控制等领域。在我国，这种应用也逐渐被认知，对机器视觉的需求也越来越多。机器视觉与人类视觉相比，其优缺点如表 1-1-2 所示。

表 1-1-2　机器视觉与人类视觉对比

对比项目	人类视觉	机器视觉
适应性	适应性强，可在复杂及变化的环境中识别目标	适应性差，容易受复杂背景及环境变化的影响
智能	具有高级智能，可运用逻辑分析及推理能力识别变化的目标，并能总结规律	虽然可利用人工智能及神经网络技术，但智能很差，不能很好地识别变化的目标
彩色识别能力	对色彩的分辨能力强，但容易受人的心理影响，不能量化	受硬件条件的制约，目前一般的图像采集系统对色彩的分辨能力较差，但具有可量化的优点
灰度分辨力	差，一般只能分辨 64 个灰度级	强，目前一般使用 256 个灰度级，采集系统可具有 10bit、12bit、16bit 等灰度级
空间分辨力	分辨力较差，不能观看微小的目标	目前有 4K×4K 的面阵摄像机和 8K 的线阵摄像机，通过配置各种光学镜头，可以观测小到微米大到天体的目标
速度	0.1s 的视觉暂留使人眼无法看清较快速运动的目标	快门时间可达到 10μs 左右，高速相机的帧率可达到 1000 帧/s 以上，处理器的速度越来越快
感光范围	400～750nm 范围的可见光	从紫外到红外的较宽光谱范围，另外有 X 光等特殊摄像机
环境要求	对环境温度、湿度的适应性差，另外有许多场合对人有损害	对环境的适应性强，另外可加防护装置
观测精度	精度低，无法量化	精度高，可到微米级，易量化
其他	主观性，受心理影响，易疲劳	客观性，可连续工作

从表 1-1-2 中可以看出，机器视觉的优点如下：

➢ 需要人眼检测的地方，其检测结果依赖于操作者的疲劳度、责任心和经验等；
➢ 机器视觉能够在不利环境中实施，并且能够把检测到的信息记录下来用于后续统计分析；
➢ 机器视觉能够提高整个生产的速度，并且会减少整体的拒绝率；
➢ 机器视觉能够帮助提高用户对制造商产品的信心，并且增加销售量；
➢ 机器视觉能够实现产品在线 100% 的检测，便于系统集成；
➢ 由于机器比人快，一台设备可以承担几个人的任务，而且机器不需要停顿，能够连续工作，可以提高工作效率，节约成本。

知识点 1.1.6　机器视觉系统的组成

一个典型的工业机器视觉系统包括光源、镜头（定焦镜头、变倍镜头、远心镜头、显微镜头）、相机 [包括 CCD 相机和互补金属氧化物半导体（complementary metal-oxide-semiconductor，CMOS）相机]、图像处理单元（或图像捕获卡）、图像处理软件、监视器、通信/（I/O）单元等，如图 1-1-5 所示。

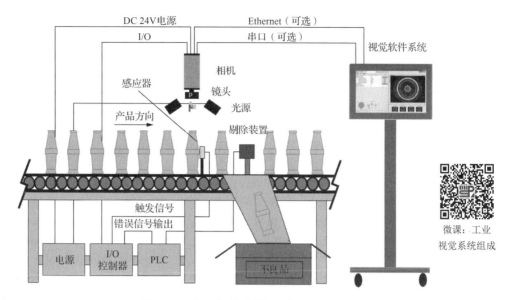

图 1-1-5　机器视觉系统组成框图

伴随芯片技术和计算机技术的发展，工业机器视觉中相机、图像采集及视觉处理软件三者的组成形式也经历了模拟式（图 1-1-6）、数字式（图 1-1-7）和智能式（图 1-1-8）三种阶段。

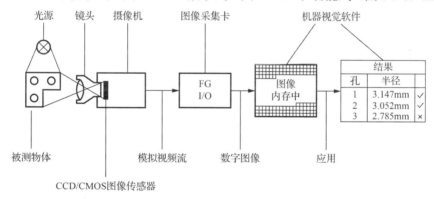

图 1-1-6　基于模拟相机的机器视觉系统

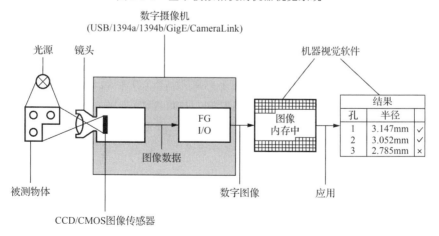

图 1-1-7　基于数码相机的机器视觉系统

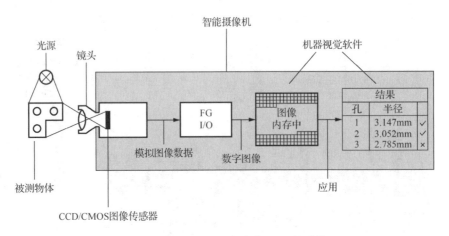

图 1-1-8　基于智能相机的机器视觉系统

　　无论其结构如何发展，机器视觉系统都可分为光学成像系统、图像处理系统、执行机构及人机界面三大部分。

微课：嵌入式图像处理系统

　　（1）一个典型的光学成像系统包括镜头、工业相机、光源。镜头是机器视觉系统获取图像的窗口；光源是影响机器视觉系统输入的重要因素，因为它直接影响输入数据的质量，实际应用中其作用占到整个检测工作 80% 的应用效果；工业相机是机器视觉系统的核心部分，完成视觉检测的图像采集。

　　机器视觉系统常用的工业相机一般为固态 CCD 相机或线阵相机，面阵分辨率可为 100 万～1.5 亿像素或更高，线阵分辨率则可多达 16000 像素甚至更高，根据需求进行取舍配置。相机又可分为彩色相机和黑白相机。

　　（2）图像处理系统在取得图像后，对图像进行处理，分析计算，并输出检测结果。图像处理部分包括硬件和软件两部分。

　　目前市场主流的机器视觉图像处理系统有 PC Based 系统和嵌入式系统（智能相机）。PC Based 系统采用工控机（工业计算机）作为处理平台，通过图像采集卡+模拟相机或直接通过数码相机采集图片，依托计算机处理平台，处理速度快，可运行复杂的图像处理算法；可带多个相机；可根据用户要求自行开发处理程序和用户界面。其开发工具可为高级编程语言，现阶段也可以使用图像化编程，可缩短开发周期，降低难度。嵌入式系统集相机、图像采集模块、处理器、存储器、通信模块、I/O 于一体，稳定性更高，开发周期较短，难度相对较低，但由于其硬件结构限制，通常只能带 1～2 个相机，程序开发不如 PC Based 系统灵活，运行速度和算法复杂度也不如 PC Based 系统。

　　两种系统各有利弊，在检测点数少、检测要求可能发生变化、项目周期紧急的应用中更适合选用嵌入式系统，在检测点数多、速度要求高、检测要求相对稳定、项目周期宽松的应用中更适合选用 PC Based 系统。

　　PC Based 系统和嵌入式系统中的图像处理软件，是机器视觉应用的关键。图像处理软件一般包含：①图像预处理；②识别定位；③OCR 识别；④二维码识别；⑤测量；⑥缺陷检测；⑦机器控制；⑧三维重建；⑨三维匹配等功能模块。

（3）执行机构及人机界面是在所有的图像采集和图像处理工作之后，完成输出图像处理的结果，并进行动作（报警、剔除、位移等），并通过人机界面显示生产信息，并在型号、参数发生改变时对系统进行切换和修改工作。

总之，光学成像系统、图像处理系统、执行机构及人机界面三者缺一不可。选取合适的光学系统采集图像，是完成视觉检测的基本条件；开发稳定、可靠的图像处理系统，是视觉检测的核心任务；可靠的执行机构和人性化的人机界面，是实现最终功能的保障。

知识点 1.1.7　机器视觉的基础功能

目前，机器视觉的基础功能主要可以分为四大类，即模式识别/计数、视觉定位、尺寸测量和外观检测，当前的应用也基本是基于这四大类功能展开的。

（1）模式识别/计数主要指对已知规律的物品进行分辨，比较容易包含外形、颜色、图案、数字、条码等的识别，也有信息量更大或更抽象的识别，如人脸、指纹、虹膜识别等。

（2）视觉定位主要指在识别出物体的基础上精确地给出物体的坐标和角度信息。定位在机器视觉应用中是非常基础且核心的功能，一个软件的优劣大概率与其定位算法的优劣密切相关。

微课：定位

（3）尺寸测量主要指把获取的图像像素信息标定成常用的度量衡单位，然后在图像中精确地计算出需要知道的几何尺寸。优势在于对高精度、高通量及复杂形态的测量。例如，有些高精度的产品由于人眼测量困难，以前只能抽检，有了机器视觉后就可以实现全检。

（4）外观检测主要检测产品的外观缺陷，最常见的包括表面装配缺陷（如漏装、混料、错配等）、表面印刷缺陷（如多印、漏印、重印等）及表面形状缺陷（如崩边、凸起、凹坑等）。因为产品外观缺陷一般情况下种类繁杂，所以检测在机器视觉应用中属于相对较难的一类。

从技术实现难度上来说，识别、定位、测量、检测的难度是递增的，而基于四大基础功能延伸出的多种细分功能在实现难度上也有差异，目前 3D 视觉功能是当前机器视觉应用技术中较先进的方向之一。

机器视觉系统四大功能的典型应用如图 1-1-9 所示。

难度

难度

识别	定位	测量	检测
有无	校正	点	形状/轮廓
颜色	引导	线	灰度/色彩
粗略位置	套准	弧/圆	装配质量
条码	对位	间距	统计信息
二维码	跟踪	几何组合	表面缺陷
OCR/OCV	3D引导	3D尺寸	3D缺陷

图 1-1-9　机器视觉系统四大功能的典型应用

知识点 1.1.8　玻璃缺陷检测及机器视觉系统

下面以玻璃缺陷检测为例，介绍机器视觉系统的原理、结构及工作过程。

1. 玻璃缺陷特征

在玻璃片生产过程中，常见的缺陷有含气泡、含结石、有裂纹、有夹杂物、有划痕等。具体的缺陷图像如图 1-1-10 所示。

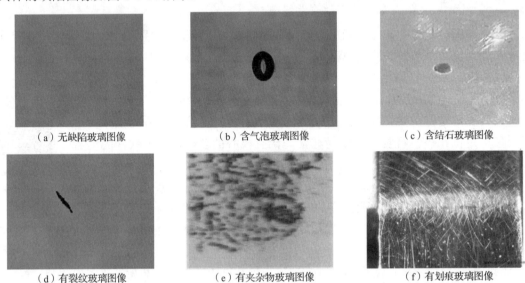

（a）无缺陷玻璃图像　　　　（b）含气泡玻璃图像　　　　（c）含结石玻璃图像

（d）有裂纹玻璃图像　　　　（e）有夹杂物玻璃图像　　　　（f）有划痕玻璃图像

图 1-1-10　玻璃典型缺陷图像

2. 玻璃缺陷视觉检测原理

玻璃的生产过程大体可分为原料加工、备制配合料、熔化和澄清、冷却和成型及切裁等。在各生产过程中，由于制造工艺、人为等因素，在玻璃原版生产的任一过程中都有可能产生缺陷，根据玻璃现行标准中的规定，玻璃常见的缺陷主要有含气泡、有划痕、有夹杂物等。无缺陷的玻璃其特点是质地均匀、表面光洁且透明。玻璃质量缺陷检测采用先进的 CCD 成像技术和智能光源，系统照明采用背光式照明，其原理如图 1-1-11 所示，即在玻璃的背面放置光源，光线经待检玻璃透射进入摄像头。

光线垂直入射玻璃后，当玻璃中没有杂质时［图 1-1-12（a）］，出射的方向不会发生改变，CCD 摄像机的靶面探测到的光也是均匀的；当玻璃中含有杂质时，出射的光线会发生变化，CCD 摄像机的靶面探测到的光也要随之改变。玻璃中含有的缺陷

微课：检测

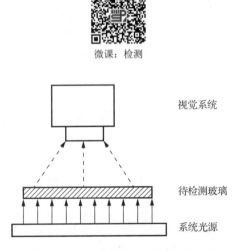

视觉系统

待检测玻璃

系统光源

图 1-1-11　玻璃典型缺陷检测示意图

主要分为两种：一种是光吸收型缺陷，如沙粒、夹锡等夹杂物［图 1-1-12（b）］，光透射玻璃时，该缺陷位置的光会变弱，CCD 摄像机的靶面上探测到的光比周围的光要弱；另一种是光透射型缺陷，如裂纹、气泡等［图 1-1-12（c）］，光线在该缺陷位置发生了折射，光的强度比周围的要大，因而 CCD 摄像机的靶面上探测到的光也相应增强。

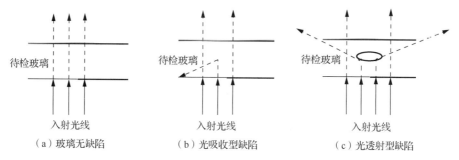

图 1-1-12　玻璃缺陷光学检测原理

3. 玻璃缺陷视觉检测系统的构成

整个机器视觉检测系统包含图像采集、图像处理、智能控制、机械执行等部分，其结构如图 1-1-13 所示。其中，光源及被测玻璃固定，光源位于玻璃底部，通过透射进入摄像头。摄像头以 X-Y 方式匀速扫描整块玻璃。图像采集卡接收摄像头信号，滤波后经 A/D 转换变成 24 位的数字信号，再由计算机对其加以分析。若发现缺陷，则进行分类和统计，报告缺陷类型、尺寸、位置等，为玻璃分级打标提供信息。

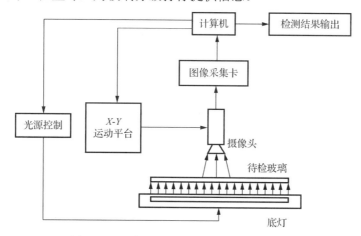

图 1-1-13　玻璃缺陷检测系统的结构示意图

4. 机器视觉检测系统的检测过程

机器视觉检测系统的检测过程如图 1-1-14 所示。

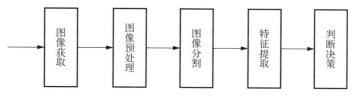

图 1-1-14　机器视觉检测系统的检测过程

（1）图像获取：一般采用高速线阵 CCD 摄像机实时采集生产线上的玻璃图像，所获取的图像模拟信号通过图像采集卡的数字化处理，再传送到计算机中进行图像预处理。

（2）图像预处理：图像分析的一个重要环节。对图像进行适当的预处理，可以使得图像更加便于分割和识别，主要包括图像滤波处理（均值滤波、中值滤波、高斯滤波）和图像增强处理（图像的灰度变换、直方图均衡化、图像尖锐化处理）。为了消除图像中的各种噪声，必须用到滤波器。图像增强是图像预处理的基本内容之一，图像增强是指按照特定的需要突出一幅图像中的某些信息，同时，削弱或去除某些不需要的信息的处理方法。其主要目的是使处理后的图像对某种特定的应用来说，比原始图像更适用。例如，突出边缘信息、改善对比度、增强图像的轮廓特征，以保证检测的准确性，使处理后的图像更适合于人的视觉特性或机器的识别系统。因此，这类处理是为了某种应用而去改善图像质量的。

微课：图像锐化

微课：图像处理算法——图像分割

经预处理后的图像如图 1-1-15 和图 1-1-16 所示。

 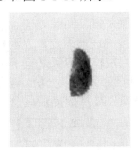 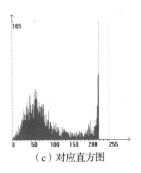

（a）粘锡玻璃缺陷原图　　　　（b）灰度处理图　　　　（c）对应直方图

图 1-1-15　处理直方图

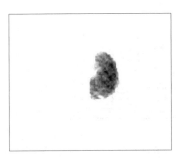 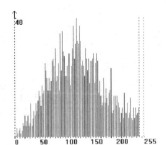

图 1-1-16　变换后的图像及对应的灰度直方图

（3）图像分割：为了进一步对目标图像进行分析、理解和识别，必须把目标从背景中分割出来。图像分割是依据图像的灰度、颜色或几何性质将其中具有特殊含义的不同区域区分开，这些被分开的区域是互不相交的，且都满足特定区域的一致性。例如，对同一目标的图像，一般需要将图像中属于该物体的像素或物体特征像素点从背景中分割出来，即将属于不同物体的像素点分离开。在玻璃缺陷图像处理过程中，缺陷的灰度值与背景灰度值相比有较大变化，并且灰度图像中缺陷边缘灰度值同周围背景相比，也存在很大的差异，所以采用基于灰度直方图的阈值分割算法和边缘检测算法相结合，就可以将缺陷从玻璃背景图像中分割出来，形成完整的缺陷目标，为缺陷目标的特征参数的提取和缺陷判断识别提供了良好基础。

阈值分割算法的原理：对灰度图像的取阈值分割就是先确定一个处于图像灰度取值范围之中的灰度阈值，然后将图像中各个像素的灰度值都与这个阈值相比较，并根据比较结果将对应的像素（分割）划分为两类：像素的灰度值大于阈值和像素的灰度值小于阈值。确定阈值是分割的关键，如果能确定一个合适的阈值就可方便地将图像分割开来。阈值分割算法的结果很大程度上依赖于对阈值的选择，因此该方法的关键是如何选择合适的阈值，合理的阈值应取在边界灰度变化比较大、比较明显的地方。因此，可以把某个阈值所产生的边界两边灰度对比度的大小作为衡量的标准，找出能够检出最大平均边界对比度的阈值，得到的分割图像如图1-1-17所示。

微课：灰度处理

图1-1-17　分割图像

（4）特征提取：基本任务是如何从许多特征中找出那些最有效的特征，特征提取是模式识别中的一个关键问题。对于玻璃缺陷的特征提取，特征参数的确定至关重要。所以在选取玻璃缺陷的特征参数时，要尽量反映缺陷本原的特征，尽量选取缺陷之间最能区别于其他缺陷的特征，特征参数还要尽量选得精、选得少，以能把缺陷识别出来即可，参数太多将增加系统的计算量，降低系统的运行速度。要想较好地识别玻璃的各种缺陷，可主要选择缺陷的几何特征参数为长短径比、周长平方面积比、面积像素数与周长像素数之比。计算机在识别时，不仅要考虑缺陷的几何形状，还需考虑缺陷灰度差等缺陷的光学参数。光学参数即缺陷与光和颜色有关的特征参数，如缺陷的灰度，对光的反射、折射和衍射的情况等。不同缺陷的光学性能不同，如气泡的透光性就比结石的透光性好，在图像上的显示相对来说就稍微亮一些，并且气泡还可能会出现小孔衍射的现象。

对图像进行平滑、灰度均衡和阴影去除等预处理后，图像上只有背景和缺陷两种成分，两种成分的灰度各自接近且相互差别较大，在直方图上表现为较为明显的两个峰值，这时如果取谷底为阈值，进行阈值分割，就可以将缺陷与背景分离，将缺陷提取出来，分割后在图像上表现为黑、白两种成分，一类为缺陷，另一类为背景。

（5）判断决策：也就是对玻璃缺陷的分类。基于图像识别的分类器设计有很多，主要包括传统的经典模式识别方法，如统计模式识别和句法模式识别；以及近年来新发展起来的识别方法和识别分类理论，主要包括模糊模式识别、人工神经网络及支持向量机（support vector machine，SVM）等。此外，根据分类时是否基于训练样本的期望输出，可以将识别方法分为有监督分类和无监督分类。

5．玻璃缺陷视觉检测系统实施

基于机器视觉的玻璃缺陷检测系统实物如图1-1-18所示。

其中，A 主要由工业相机、同步控制器及图像采集卡组成；B 主要是由计算机组成的控制柜，完成图像处理的各种算法运算，同时输出检测结果；C 为待检测目标物体——缺陷玻璃；D 为系统照明，主要包括光源、调节器、遮光罩；E 为玻璃检测系统支撑传动结构，主要功能是在玻璃缺陷检测的不同情况下，可通过上下调节距离，保证系统图像采集时能获得较为清晰的玻璃缺陷原图。此外，为保证系统的检测精度，还应备有制冷、通风、清洗等辅助设备。

该系统可较准确地检测出玻璃生产中产生的各种缺陷，为后续的玻璃等级划分、玻璃切割提供相关信息。玻璃缺陷检测系统如图 1-1-19 所示。

图 1-1-18　玻璃缺陷检测系统实物

图 1-1-19　玻璃缺陷检测系统

玻璃缺陷检测系统界面主要包括玻璃缺陷图像点运算、玻璃缺陷图像预处理、边缘检测与特征提取、缺陷亚像素定位及图像匹配检测。其中，玻璃缺陷图像点运算主要完成玻璃缺陷图像灰度值方图显示、线性变换、亮度增强等，图像匹配主要包括图像模糊处理、差影运算、图像形态处理等。系统主要采用 60 个共 4 种常见的玻璃样本缺陷作为识别目标，通过对其进行神经网络样本训练测试，有效地识别出缺陷类别，经实验验证系统对其缺陷识别的正确率为 91.75%，能够达到较理想的检测效果。

在现代化大生产中，视觉检测往往是不可缺少的环节。例如，汽车零件的外观、药品包装的正误、芯片字符印刷的质量、电路板焊接的好坏等都需要众多的检测工人，通过肉眼或结合显微镜进行观测检验。大量的检测人工不仅影响工厂效率，而且带来不可靠的因素，直接影响产品质量与成本。另外，许多检测的工序不仅仅要求外观的检测，同时需要准确获取检测数据，如零件的宽度、圆孔的直径及基准点的坐标等，这些工作则是很难靠人眼快速完成的。

知识点 1.1.9　机器视觉系统应用大赛

2021 年 5 月发布的《教育部关于举办 2021 年全国职业院校技能大赛的通知》中，将"机器视觉系统应用"列为高职组正式比赛项目（2023 年已经取消）。本赛项主要基于机器视觉的模式识别、视觉定位、尺寸测量和外观检测四大类功能，与精密机械模组控制单元、运动控制、人工智能机器学习等多种技术融合，面向非标自动化设备行业、标准设备制造行业、半导体及电子制造行业、3C［computer（计算机）、communication（通信）、consumer electronics（消费电子）三类电子产品的简称〕电子集成行业、汽车制造行业、包装印刷行业、医药制造行业、纺织制造行业、食品加工行业及相关行业，与 1+X 证书衔接，培养从事机器视觉系统的安装、调试、编程、维护等工作岗位急需的高素质技术技能人才。赛项赛场如图 1-1-20 所示。

图 1-1-20　全国职业院校技能大赛高职组"机器视觉系统应用"赛项赛场

1．技术平台特点

（1）结构紧凑，高集成度，占地面积小，贴合工厂实际，也节约场地。

（2）扩展性强，可涵盖机器视觉、人工智能、运动控制、PLC 编程、工业互联网等多学科实验，减少学校重复投入。

（3）安装灵活，可方便安装 2D 相机、3D 相机、线阵相机等多种相机，也可方便安装多种常见光源。

（4）相机可以安装在轴外，也可以安装在 Z 轴中线或偏轴，同时软件支持多种类型手眼标定。

（5）运动平台采用高精度研磨丝杆模组+闭环电动机控制方式，重复精度优于±0.01mm。

（6）平台支持无工具快速换装，所有相机和光源自带快换装置或快换板。

2．设备组成

"机器视觉系统应用"赛项技术平台（图 1-1-21）主要由实训机台、电控板、XYZ 三轴运动模组、外置 θ 轴、报警灯、按钮盒、视觉安装夹具、产品托盘、光幕传感器、工控机、显示器、机器视觉器件箱、机器视觉工具箱等组成。其中，机器视觉器件箱、机器视觉工具箱分别用于收纳和放置本实训台需要的机器视觉元器件及实训需要的治具和工具。它们的内部布局分别如图 1-1-22 和图 1-1-23 所示。

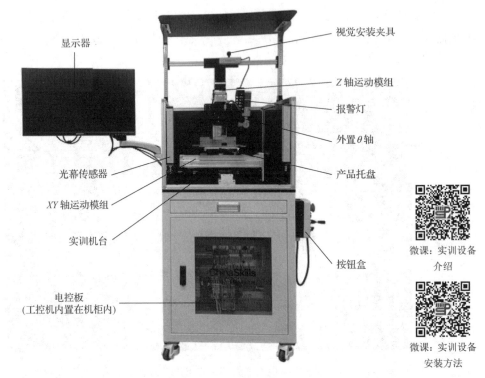

显示器

视觉安装夹具

Z 轴运动模组

报警灯

外置 θ 轴

产品托盘

光幕传感器

XY 轴运动模组

实训机台

按钮盒

电控板
(工控机内置在机柜内)

微课：实训设备
介绍

微课：实训设备
安装方法

图 1-1-21　全国职业院校技能大赛高职组"机器视觉系统应用"赛项技术平台

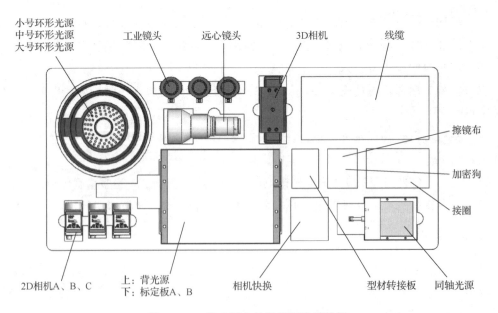

小号环形光源
中号环形光源
大号环形光源

工业镜头

远心镜头

3D相机

线缆

擦镜布

加密狗

接圈

2D相机A、B、C

上：背光源
下：标定板A、B

相机快换

型材转接板

同轴光源

图 1-1-22　技术平台的机器视觉器件箱

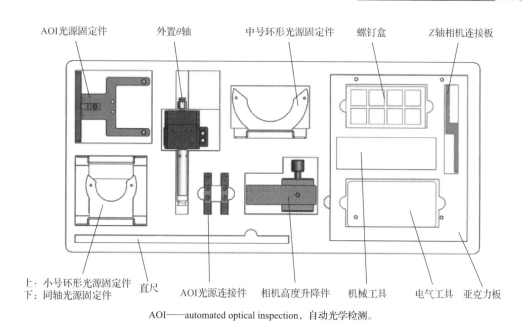

AOI光源固定件　外置θ轴　中号环形光源固定件　螺钉盒　Z轴相机连接板

上：小号环形光源固定件　　　　AOI光源连接件　相机高度升降件　机械工具　电气工具　亚克力板
下：同轴光源固定件　　直尺

AOI——automated optical inspection，自动光学检测。

图 1-1-23　技术平台的机器视觉工具箱

"机器视觉系统应用"赛项技术平台软件包括机器视觉系统应用图像化编程软件 KImage 和客户端编程软件 KImageclient。其功能特点如下：

微课：实训软件介绍

（1）设备配套的机器视觉编程软件可提供图形化编程和代码编程两种编程模式，图形化编程采用拖拽式流程图定义任务流程，所见即所得，方便快速入门；代码编程可以支持 VB.net、C#等多种语言。

（2）视觉软件支持多工位和多任务同步运行，支持多用户模式，支持客户端和服务器之间传输图片、消息和数据。

（3）机器视觉编程软件包含常用图像处理、运动控制和外部通信工具，包括 3D 标定、3D 定位、3D 测量、AOI、红外相机检测等多种高级算子，提供应用程序接口（application program interface，API）函数，支持二次开发。

（4）2D 图像的处理软件工具包含有无/正反检测、颜色/位置判断、定位、尺寸测量、ID 识别、字符识别、缺陷检测等工具。

（5）3D 图像的处理软件工具支持多种不同类型 3D 相机（包含 TOF、线激光、双目结构光、扫描振镜等），软件工具包含 3D 标定、3D 定位、3D 测量等，可实现三维测量和三维点云计算并配套相应的教学程序。

（6）软件支持常见品牌的 2D 相机和 3D 相机，支持常见品牌的 PLC、运动控制卡和工业机器人，也支持常见的激光振镜控制。

（7）软件支持单相机及多相机对位，支持 XYθ、XYY、UVW、SCARA 等多种平台类型。

（8）常用软件功能包括支持资源、算法自主扩展、TCP/IP 通信、串口通信、自定义寄存器、用户权限管理、系统指令、快捷键方式、逻辑流程图、多模块同步异步运行处理、模块信号源触发、图像自定义多窗口绑定显示、数据任意拖拽绑定显示、自定义变量、变量赋值、变量批量编辑、变量自由转换、参数灵活引用、数据自定义公式计算器、脚本功能等。

微课：数据处理工具

软件常用的工具列表如表 1-1-3 所示。

表 1-1-3　软件常用的工具列表

类型	工具
系统类	服务器客户端通信工具、串口工具、PLC 读写工具、机器人控制工具、信号源工具
图像源类	图像源工具、相机工具、保存图片工具
定位类	仿射变换工具、斑点分析工具、找圆工具、找线工具、边缘点查找工具、形状匹配工具、灰度匹配工具
测量类	圆卡尺工具、夹角工具、边缘卡尺工具、线交点工具、线间距工具、点间距工具、矩形卡尺工具、点线距离工具、坐标转换工具、标定工具
图像处理类	图像转换工具、通道分离工具、颜色提取工具、图像剪切工具、图像处理工具、阈值化工具、轮廓提取工具
识别类	二维码工具、字符识别工具、条码检测工具、缺陷检测工具
对位类	位移计算工具、坐标计算工具、对位平台工具
数据处理类	累加工具、分类工具、保存表格工具、格式转换工具、列表工具、逻辑运算工具、字符串截取工具、用户变量工具

3．平台与行业应用相关性

在"机器视觉系统应用"赛项技术平台上，可以围绕不同的行业设计应用场景，目前已经公布的题库涵盖了半导体及电子制造、3C 电子集成、汽车制造、包装印刷、食品加工、医药制造、标准设备制造、物流等行业的应用案例，同时只要变化治具，就可方便地实现不同的行业应用。技术平台教学内容与行业应用相关性如图 1-1-24 所示。

图 1-1-24　技术平台教学内容与行业应用相关性

4．平台与常见视觉应用设备的相关性

"机器视觉系统应用"赛项技术平台和目前电子制造行业的典型设备结构基本相同，包含机台、相机、镜头、光源、运动控制机构及控制系统。常见的运动控制机构多采用精密直线模组做成的直角坐标机械手或龙门结构机械手，"机器视觉系统应用"赛项技术平台当前采用的是精密直线模组构成的直角坐标机械手。技术平台与常见视觉应用设备的相关性如图 1-1-25 所示。

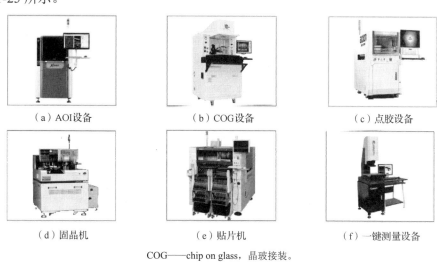

（a）AOI设备　　　　　　　（b）COG设备　　　　　　　（c）点胶设备

（d）固晶机　　　　　　　（e）贴片机　　　　　　　（f）一键测量设备

COG——chip on glass，晶玻接装。

图 1-1-25　技术平台与常见视觉应用设备的相关性

工作手册

姓名：	学号：	班级：	日期：

认知机器视觉工作手册

任务接收

表 1.1.1　任务分配

序号	角色	姓名	学号	分工
1	组长			
2	组员			
3	组员			
4	组员			
5	组员			

课堂
笔记

任务准备

表 1.1.2　工作方案设计

序号	工作内容	负责人
1		
2		
3		
4		

表 1.1.3　实训设备、工具与耗材清单

序号	名称	型号与规格	数量	备注
1				
2				
3				
4				
5				
6				
7				

领取人：　　　归还人：

任务实施

（1）描述机器视觉的概念、机器视觉与计算机视觉的异同。

表 1.1.4　任务实施 1

类别	相同点	不同点
机器视觉		
计算机视觉		
负责人		验收签字

（2）描述机器视觉的优点及发展趋势。

表 1.1.5　任务实施 2

内容	描述
优点	
发展趋势	
负责人	验收签字

课堂笔记

（3）描述机器视觉系统的组成及基础功能。

表 1.1.6　任务实施 3

内容	描述
机器视觉系统的组成	
机器视觉基础功能	
负责人	验收签字

（4）描述玻璃缺陷检测机器视觉系统的工作原理及过程。

表 1.1.7　任务实施 4

架构内容	描述
玻璃缺陷光学检测原理	
玻璃缺陷检测系统的结构	
玻璃缺陷检测系统的工作过程	
负责人	验收签字

课堂
笔记

任务拓展

（1）举例描述中国古代对光学发展的贡献（如小孔成像与记录等）；

（2）描述机器视觉系统应用大赛系统设备的整体结构。

课后作业

小组合作，用 PPT 展示以下内容：

（1）机器视觉的概念、机器视觉与计算机视觉的异同；

（2）机器视觉的优点及发展趋势；

（3）机器视觉系统的组成及基本功能；

（4）玻璃缺陷检测机器视觉系统的工作原理及过程。

认知工业相机

任务描述

你作为机器视觉系统的专家，试着向某工业园区相关企业的技术人员介绍工业相机，帮助其提升对工业相机的认知水平。

任务要求

通过小组合作及查询资料，采用手绘海报的方式系统介绍工业相机：

（1）描述机器视觉系统的核心部件；

（2）描述工业相机系统；

（3）描述工业相机的主要类型；

（4）描述工业相机的光学及数据接口。

任务准备

（1）以 4～6 人为一个小组；

（2）各小组使用个人计算机或手机上网查找资料；

（3）各小组准备 A3 白纸、勾线笔、12 色以上马克笔、直尺、橡皮擦若干。

任务实施

（1）描述机器视觉系统的核心部件；

（2）描述工业相机系统；

（3）描述工业相机主要类型；

（4）描述工业相机的光学及数据接口；

（5）各小组依次答辩展示。

任务评价

任务评价如表 1-2-1 所示。

表 1-2-1　任务评价

基本信息	认知工业相机任务					
基本信息	班级		学号		分组	
基本信息	姓名		时间		总分	
项目内容	评价内容		分值	自评	小组互评	教师评价
任务考核（60%）	描述机器视觉系统的核心部件		20			
任务考核（60%）	描述工业相机系统		20			
任务考核（60%）	描述工业相机的主要类型		30			
任务考核（60%）	描述工业相机的光学及数据接口		30			
任务考核总分			100			
素养考核（40%）	操作安全、规范		20			
素养考核（40%）	遵守劳动纪律		20			
素养考核（40%）	分享、沟通、分工、协作、互助		20			
素养考核（40%）	资料查阅、文档编写		20			
素养考核（40%）	精益求精、追求卓越		20			
素养考核总分			100			

 任务拓展

（1）描述工业相机与单反相机的区别；

（2）如何连接工业相机系统？

 知识链接

知识点 1.2.1　机器视觉系统的核心部件

　　机器视觉系统是由一系列的核心器件组成的，其中最主要的器件是光源、镜头及相机。光源用以突出被测物的表面特征，并削弱环境光的影响。在光源的作用下，被测物经由镜头成像在相机的感光芯片上，进而得到数字图像。相机通过传输协议把拍摄到的数字图像传输到处理器，由图像处理软件完成图像处理与信息提取，再将处理结果以信号输出。这就是机器视觉系统工作的核心流程。

　　要搭建机器视觉系统，首先要根据工业项目的应用需要选择合适的工业相机。虽然在工业领域内，工业相机应用越来越多，但是在日常生活中，工业相机还是相对少见的。与单反相机及卡片式数码相机不同：首先，工业相机的机身不带有图像存储的接口，不能外接 SD 卡；其次，工业相机不带有观察窗或液晶显示屏；最后，工业相机的机身不带有集成的镜头，也不带有自动对焦/变焦功能接口。

　　如图 1-2-1 所示，工业相机［图 1-2-1（a）］的结构简单，形状小巧，稳定性强，而且工业相机使用的是电子快门，所以在正常状态下工业相机的使用寿命往往有 5～10 年，甚至更长，而单反相机［图 1-2-1（b）］因使用的是机械快门，寿命有限。工业相机往往采用电信号控制触发拍照，实时输出数据，而单反无法做到高频高速同步拍照，且数据无法实时输出。所以虽然单反相机及卡片式数码相机［图1-2-1（c）］具有电动聚焦、分辨率高等优点，但是在工业领域中，单反相机远远不及工业相机应用广泛。

（a）工业相机　　　　　　　　（b）单反相机　　　　　　（c）卡片式数码相机

图1-2-1　三种不同的相机类型

同样，工业镜头［图1-2-2（a）］也与单反镜头［图1-2-2（b）］不同。如图1-2-1所示，工业镜头不像单反镜头或电影镜头［图1-2-2（c）］带有机身电动机及对焦功能接口，工业镜头需要手动调节聚焦位置与光圈，而且焦距固定。工业镜头的优点是耐冲击性好、寿命长、成像畸变小。

（a）工业镜头　　　　　　　（b）单反镜头　　　　　　　（c）电影镜头

图1-2-2　三种不同的镜头

光源是机器视觉系统中非常重要的一环，甚至可以说，如果视野中的光源照明高效而稳定，能够将物体表面待识别或检测的特征突出显示，系统就已经成功了一半。因为只有待检测特征在图像中有充足的对比度，才能被图像处理算法识别或检测出来。机器视觉系统照明光源早期主要用卤素灯、荧光灯等光源。随着LED封装和产生技术的不断发展，目前最常用的是如图1-2-3所示的LED光源。一般工业LED光源寿命应该在2×10^4h以上甚至更长，且在其寿命时间内，LED的亮度衰减应不超过20%。

图1-2-3　不同形状的LED光源

知识点 1.2.2　工业相机系统

工业相机是一种用于机器视觉的成像装置，该装置包括传感器芯片及各种功能电子器件。如图1-2-4所示，工业相机内部的功能模块主要由五大部分构成，分别为镜头接口、图像传感器、参数控制模块、数据传输接口及供电、I/O信号接口。镜头接口的作用是接入镜头，不同的镜头接口，其物理结构也不同。随着相机分辨率的不断提升，镜头接口也一直在不断更新。在进行相机及镜头选型时，要注意接口适配的问题。图像传感器是相机的核心器件，工业相机的核心参数，如分辨率、像素尺寸、帧率、彩色/黑白等都取决于其感光芯片。在相机的末端是相机的供电、I/O信号接口及数据传输接口，分别负责相机的供电、I/O触发及图像数据传输。

图 1-2-4　工业相机内部结构图示

在参数控制模块后端嵌入板载处理器，让工业相机自身能够实现对采集到的图像进行处理，称这种带处理器的相机为智能相机，普通工业相机内部不会嵌入板载处理器。

在相机参数控制模块后端加入如 DSP、ARM（advanced RISC machines，高级精简指令集机器）等嵌入式处理器，并在处理器中预写入测量、识别等图像处理算法，一般称这种相机为智能相机，如图 1-2-5 所示。因为处理器的加入，智能相机整体的功耗和散热相对普通工业相机 [图 1-2-1（a）] 更高，所以智能相机外壳会增加散热铝片，以降低智能相机工作时的温度，智能相机的外壳相对更大，镜头接口处通常也配有环形光源接口。

微课：相机主要参数

图 1-2-5　智能相机

在机器视觉系统中，如果采用的是工业相机，则系统中需要另外配置处理器，这可以是嵌入式处理器，也可以是计算机。图 1-2-6 显示的是一种基于计算机和工业相机（简称 PC Base）的机器视觉系统。PC Base 架构的优势是拓展性强、灵活度高。计算机可以接入多个工业相机，实现多视场、多工位、多功能的应用组合。

在图 1-2-6 所示的机器视觉系统中，主要器件或组件包括计算机、PLC、工业相机、镜头、光源控制器、LED 光源、传感器、执行机构。其中，传感器的作用主要是判断工件的进入。在工业应用中，一般根据被检测工件的特性来决定采用何种传感器。而生产线上的执行机构可以是气缸剔除废品装置，也可以是机械手分拣装置或其他装置。系统的工作流程：传送带上的工件被运到传感器工作范围内，传感器输出信号给 PLC。结合生产线的运动速度或位置信息，PLC 计算出工件运动到拍照位所需的时间，从接收到传感器信号起延时触发相机及光源控制器，点亮 LED 光源时工业相机拍照，获得的图像经由传输协议上传到计算机中，经过图像算法处理后，计算机将判断信号传递给 PLC。PLC 结合生产线的运动速度或位置信息，在一定延时后，触发执行机构进行分拣或剔除废品。

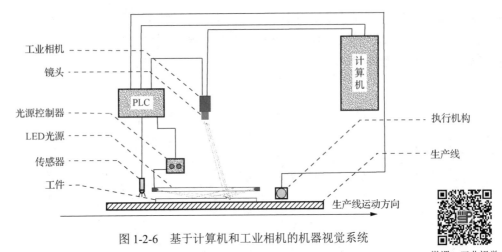

图 1-2-6　基于计算机和工业相机的机器视觉系统

图 1-2-7 所示为典型的基于智能相机的机器视觉系统，该系统的工作流程与基于计算机和工业相机的机器视觉系统类似。唯一的不同是图像处理在相机端直接完成，并将判断结果传递给 PLC。与图 1-2-6 所示的机器视觉系统相比，基于智能相机的机器视觉系统更简洁、稳定。

微课：工业视觉系统工作流程

微课：基于计算机的图像处理系统

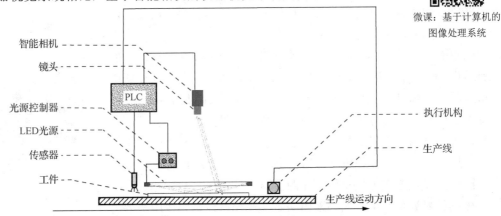

图 1-2-7　基于智能相机的机器视觉系统

在工业领域，智能相机与工业相机都有着广泛的应用。相较而言，智能相机具有如下优点：第一，防护等级高，适用于恶劣环境；第二，可脱离计算机独立工作，稳定性好，易于维护；第三，布置灵活，节约空间。但是它的缺点也不少：第一，智能相机的处理速度有限，运算速度慢，以致无法使用复杂的图像处理算法；第二，单个智能相机的成本远高于单个工业相机，多工位部署会使得成本很高；第三，受限于处理速度，智能相机不会采用高帧率、高分辨率的图像采集芯片，所以也不能适用于需要高性能相机进行阵列组合使用的场景，如光场相机阵列、高速相机阵列、高分辨率图像拼接阵列。因此，在工业项目中，需要结合生产线与实际需要，灵活选择智能相机或工业相机。

知识点 1.2.3　**工业相机的主要类型**

根据图像传感器参数和特性的不同，工业相机可分为多种类别，如表 1-2-2 所示。

表 1-2-2　工业相机的分类

序号	分类依据	具体类别	
1	传感器类型	CCD 相机	CMOS 相机
2	传感器结构	面阵相机	线阵相机
3	传感器色彩输出	黑白相机	彩色相机

1．传感器的类型

工业相机中负责感光及成像的核心器件为图像传感器，最常见的图像传感器有两种，分别是 CCD 传感器和 CMOS 传感器。这两种图像传感器的结构虽然不同，但是其工作原理类似。当光照射在感光芯片的每个像素上时，因光电效应在每个像素上激发电子，经过 A/D 转换之后，电流模拟信号变成二进制数字信号，从而生成灰度图像（黑白图像），如图 1-2-8 所示。

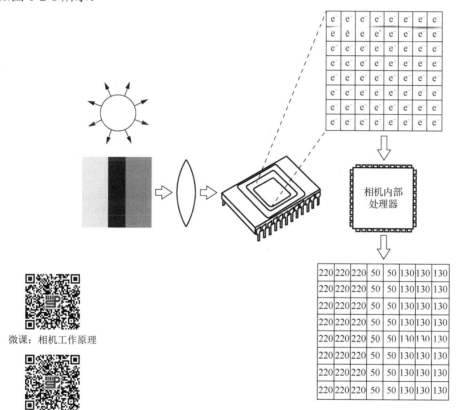

微课：相机工作原理

微课：工业相机选型方法

图 1-2-8　相机成像芯片工作原理

CCD 传感器是由美国贝尔实验室（Bell Labs）的威拉德·博伊尔（Willard Boyle）与乔治·史密斯（George Smith）于 1969 发明的，这两位科学家也于 2009 年与英国华裔科学家高锟共同获得了诺贝尔物理学奖。CCD 传感器的基本感光单元为金属-氧化物-半导体（metal-oxide-semiconductor，MOS）电容。CCD 传感器的工作过程分为四个阶段，分别是电荷的生成、电荷的收集、电荷的转移、电荷的测量。CCD 芯片的电荷收集及转移、测量是在像素外部完成的。如图 1-2-9 所示，CCD 传感器上的每个像素的电荷需经过邻近像素输出到读出寄存器，并最终经输出放大器计量和转换为数字信号。

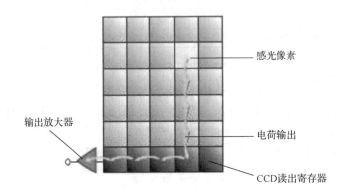

图 1-2-9　CCD 传感器的工作原理示意图

CMOS 传感器的工作原理与 CCD 传感器不同，如图 1-2-10 所示，在 CMOS 传感器中，每个像素都有自己的电压转换，传感器通常还包括放大器、噪声校正和数字化电路，以便芯片输出数字位。这些其他功能增加了设计的复杂性，减少了可用于光捕获的区域。因 CMOS 传感器每个像素是独立完成 A/D 转换的，故会导致其输出图像的均匀性较低，但因 A/D 转换是大规模并行处理的，所以 CMOS 传感器能达到更高的输出总带宽。另外，CMOS 传感器的制造工艺相对更简单，在大部分应用中，CMOS 传感器比 CCD 传感器更有成本优势。

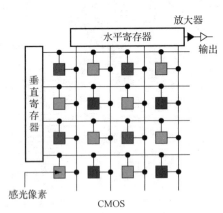

图 1-2-10　CMOS 传感器的工作原理示意图

CCD 传感器和 CMOS 传感器的优缺点对比如表 1-2-3 所示。CMOS 传感器的结构更简单，制造成本更低，其逐渐成为工业相机中主要使用的图像传感器；CCD 传感器更多应用在天文、生物、军事等高端领域。

表 1-2-3 CCD 传感器和 CMOS 传感器的优缺点对比

传感器	优点	缺点
CCD	噪声小； 成像均匀性好； 灵敏度高	芯片集成度低； 制造难度高； 帧率低
CMOS	芯片集成度高； 制造难度低； 帧率高	噪声大； 成像均匀性差； 灵敏度低

CCD 传感器与 CMOS 传感器决定相机的参数性能。相机的分辨率、快门类型，以及帧率、位深、像素尺寸、信噪比、动态范围、图像格式等参数主要由其采用的芯片决定。

分辨率：由横向分辨率和纵向分辨率两个参数构成，表示在图像传感器上横向与纵向像素点的数量。

快门类型：分为全局快门与卷帘快门，其主要差别在于，当拍摄快速运动的物体时，采用卷帘快门的相机输出的图像会有运动形变，如图 1-2-11 所示。

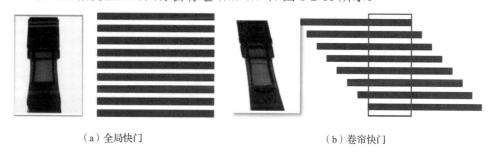

（a）全局快门　　　　　　　　　　　　　　　（b）卷帘快门

图 1-2-11 全局快门与卷帘快门

帧率：每秒相机采集到的图像帧数。相机帧率越高，每秒可采集图像的最大数量越多。

位深：将传感器像素感应到的电流信号转换为模拟信号时，要对其进行 A/D 转换，所采用的二进制位数，就是位深。位深越高，其蕴含的信息细节越多，但是也意味着要处理的数据越大。一般工业相机采用 8/10bit 位深。

像素尺寸：指图像传感器上每一个像素点的尺寸。像素尺寸越大，则单个像素点感光越强。

信噪比：英文为 SNR（signal-noise ratio）或 S/N，指图像中有用信号与噪声的比例，计算方法为 $10\lg(P_s/P_n)$，其中 P_s 和 P_n 分别代表像素灰度值与噪声灰度值。信噪比越高，意味着噪声抑制越好。

动态范围：以 8bit 位深的图像为例，动态范围是指在图像中，灰度值为 255 的像素中的电子数与灰度值为 1 的像素中的电子数的比例。动态范围越大，意味着像素之间采样的差异越大，也就说明暗度的细节更多。对于户外成像应用，如自动驾驶，一般要求相机的动态范围越大越好。

图像格式：图片的存储格式，按类别可分为彩色和黑白，或者 8bit 和 10bit。常见的为 Mono8，代表 8bit 的黑白照片，而 BayerGB8 代表 8bit 的彩色照片。

2．传感器的结构

按照传感器中像素的排列，工业相机可分为面阵相机和线阵相机两种。面阵相机的传感器像素排列是矩形的，面阵相机的分辨率为其横向和纵向像素的个数，如1920像素×1080像素，分辨率越高，成的像细节越多。线阵相机的传感器像素排列是线形的，有单线和多线两类。线阵相机的分辨率为横向像素数乘以像素的行数，如4096×1，表示单线传感器具有4096像素。这两种相机的输出图像差异在于：面阵相机每次获取的是一个面的信息［图1-2-12（a）］；线阵相机每次获取的是一条线的信息，如果线阵相机要成像，则需要将输出的每行像素拼接起来，如图1-2-12（b）所示。

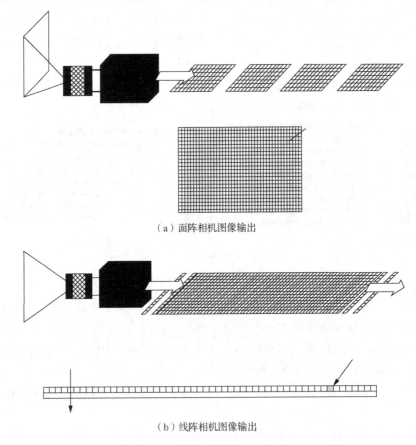

（a）面阵相机图像输出

（b）线阵相机图像输出

图1-2-12　面阵相机和线阵相机的工作示意图

线阵相机的典型应用领域是检测连续的材料，如金属、塑料、纸和纤维等。被检测的物体通常匀速运动，如果物体的运动为非匀速状态，那么一般需要接入产线的编码器等校正其运动速度，以免图像被压缩或拉伸。因为线阵相机是输出单线的图像，所以适合于对圆柱形材料成像，可以直接将圆柱物体的侧面展开成像。线阵相机比面阵相机更适合于对连续物体进行成像，例如，在钢板、玻璃、铝箔等连续材料生产上的图像检测主要使用线阵相机。线阵相机在成像上还有个优点，即像素在物体的运动方向上成像很均匀，因此在精密瑕疵检测场景中会选择使用线阵相机。

　　工业相机的光学及数据接口

1．光学接口

在相机的前端，是相机的镜头接口，如图 1-2-13 所示。相机的镜头接口有多种类型，传感器芯片越大，镜头接口越大。镜头接口与相机必须互相匹配，镜头才能安装在相机上并且清晰成像。在进行相机及镜头选型时，需要注意阅读相机及镜头的参数，参数中会明确写明接口类型与兼容相机芯片的尺寸大小。

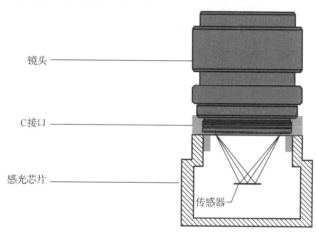

图 1-2-13　镜头与相机的成像示意图

表 1-2-4 列出了常见的四种镜头接口参数。C 接口和 CS 接口是工业相机中较常见的国际标准接口，为 1in-32UN（1in≈2.54cm）英制螺纹连接口。C 接口和 CS 接口的螺纹连接是一样的，区别在于 C 接口的后截距为 17.5mm，CS 接口的后截距为 12.5mm。F 接口是尼康镜头的接口标准，所以又称尼康接口，也是工业相机中常用的类型，一般工业相机靶面大于 1in 时需用 F 接口的镜头。随着相机的靶面尺寸越来越大，应运而生了 M72 接口，这种接口具有更大的卡环直径与法兰后截距，可以匹配大靶面像素相机成像。

表 1-2-4　常见镜头接口参数

序号	接口类型	螺纹	法兰后截距/mm	卡环直径/mm
1	C 接口	$P = 0.75$	17.5	25.4
2	CS 接口	$P = 0.75$	12.5	25.4
3	F 接口	—	46.5	47
4	M72	$P = 0.75$	31.8	72

选镜头接口只需记住匹配原则就好，使用什么样接口的相机，就选择什么样接口的镜头。

图 1-2-14 展示了三种不同接口的相机与对应镜头，分别是 C 接口 [图 1-2-14（a）]、F 接口 [图 1-2-14（b）] 与 M72 接口 [图 1-2-14（c）]。

（a）C接口相机与C接口镜头　　　　　　　（b）F接口相机与接口镜头

（c）M72接口相机与M72接口镜头

图1-2-14　三种不同的镜头接口

2. 数据接口

在相机的后端，是相机的数据接口与供电、I/O信号接口。为了实现数据抓拍，工业相机都具备外部I/O信号触发采图的功能。如果工业相机采用的传输协议不带供电，则需要通过外接电源实现相机供电。USB 3.0协议因本身带有供电，所以USB 3.0相机可以不用外接供电电源。

如图1-2-15（a）所示，这是一个千兆以太网相机背部的结构图，分别为6pin电源及I/O接口、数据接口，以及指示灯三部分。如图1-2-15（b）所示，使用千兆以太网相机前就需要对相机进行供电接线，将引脚1接12V直流电源，将引脚6接GND。如果需要对相机进行外触发，则要将触发正信号输入接入引脚2，将I/O GND接入引脚5。

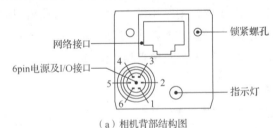

引脚	信号	说明
1	power	6~26V直流电源
2	line1	光耦隔离输入
3	line2	可配置I/O口
4	line0	光耦隔离输出
5	I/O GND	光耦隔离地
6	GND	直流电源地

（a）相机背部结构图　　　　　　　　（b）6pin相机及I/O接口定义

图1-2-15　相机背部结构图及I/O定义

工业相机因机身不带图像算法处理功能，所以需要将采集到的图像数据通过协议传输到处理平台，不同图像数据传输协议采用的物理接口样式和结构不同。以PC Base的视觉系统为例，计算机中没有Camera Link数据接口，要在计算机中安装Camera Link图像采集卡，实现相机与计算机的物理连接和数据传输。

常见的相机传输协议有USB 2.0、USB 3.0、千兆网、Camera Link、CoaXPress，它们各自有不同的特点，如表1-2-5所示。

表 1-2-5 相机传输协议的特点

接口类型	带宽	距离/m	特点
USB 3.0	4.8Gbit/s	5	常见，低成本，多相机扩展容易，传输速率高
GigE	1000Mbit/s	100	常见，低成本，多相机组网，传输距离远
Camera Link Base/Medium/Full/Full+	255/510/680/850（MBit/s）	10	抗干扰性强，传输带宽高，需配专用采集卡，配件成本高
CoaXPress	6.25Gbit/s · N	40	传输速率高，传输距离长，需配专用采集卡，配件成本高

USB（universal serial bus，通用串行总线）是近几年逐步在计算机领域广为应用的新型接口技术。目前工业相机已经由 USB 2.0 进化到 USB 3.0 协议，理论上的 USB 3.0 最高速率是 5.0Gbit/s（即 640MB/s），其超高速接口的实际传输速率大约是 3.2Gbit/s（即 409.6MB/s）。USB 3.0 接口的相机和线缆如图 1-2-16 所示。

图 1-2-16 USB 3.0 接口的相机和线缆

千兆以太网是建立在以太网标准基础上的技术。千兆以太网和大量使用的以太网与快速以太网完全兼容，并利用了原以太网标准所规定的全部技术规范，其中包括带冲突检测的载波监听多路访问（carrier sense multiple access with collision detection，CSMA/CD）协议、以太网帧、全双工、流量控制及 IEEE 802.3 标准中所定义的管理对象。作为以太网的一个组成部分，千兆以太网也支持流量管理技术，它保证在以太网上的服务质量，这些技术包括 IEEE 802.1P 第二层优先级、第三层优先级的服务质量（quality of service，QoS）编码位、特别服务和资源预留协议（resource reservation protocol，RSVP）。目前光纤信道技术的数据运行速率为 1.063Gbit/s，使数据速率达到完整的 1000Mbit/s，千兆以太网使用 5 类、超 5 类、6 类非屏蔽双绞线（unshielded twisted pair，UIP），传输距离为 100m。GigE 接口的相机和线缆如图 1-2-17 所示。

图 1-2-17 GigE 接口的相机和线缆

Camera Link 是适用于视觉应用数字相机与图像采集卡间的通信接口。这一接口扩展了 Channel Link 技术，提供了视觉应用的详细规范。它是由 AIA 推出的数字图像信号通信接口协议，是一种串行通信协议；是在美国国家半导体制造商（National Semiconductor，NSM）的接口协议 Channel Link 基础上发展而来的；采用低电压差动信号（low voltage differential signal，LVDS）接口标准，该标准具有速度快、抗干扰性强、功耗低的优点。Mini-Camera Link 接口的相机和线缆如图 1-2-18 所示。

图 1-2-18 Mini-Camera Link 接口的相机和线缆

CoaXPress（缩写为 CXP）于 2008 年推出，用于替代 Camera Link 技术。Camera Link 一直是高分辨率和高帧率传输的标准。Camera Link 的最大传输速率为 850MB/s。由于 85MHz 的总线频率相对较低，Camera Link 需要使用不同的并行传输通道，称为"接线"，这使得所需的线材非常厚重、灵活度差，并且价格高昂。此外，线材的长度最大只能达到 10m。而 CoaXPress 数据传输量更高，单根线缆可达 6.25Gbit/s，4 根线缆可达 25Gbit/s；传输距离更长，超过 100m（不使用集线器和中继器）；线缆材料更加稳定，可以使用标准的同轴电缆，如 RG59 和 RG6；支持热插拔。对于许多应用而言，在更远的距离上实现相机和计算机之间的桥接具有很高的应用价值，能够实现更复杂的图像处理解决方案。CoaXPress 非常受市场欢迎，在半导体行业尤为如此。例如，在 AOI 系统中，必须以高分辨率获得大数据量，并且不能出现明显的延迟。其他应用领域还包括印刷检查、食品检测、智能交通系统（intelligent transportation system，ITS）和医疗。CoaXPress 接口的相机和线缆如图 1-2-19 所示。

图 1-2-19 CoaXPress 接口的相机和线缆

工作手册

姓名：	学号：	班级：	日期：

认知工业相机工作手册

任务接收

表 1.2.1　任务分配

序号	角色	姓名	学号	分工
1	组长			
2	组员			
3	组员			
4	组员			
5	组员			

任务准备

表 1.2.2　工作方案设计

序号	工作内容	负责人
1		
2		
3		
4		

课堂
笔记

表 1.2.3　实训设备、工具与耗材清单

序号	名称	型号与规格	数量	备注
1				
2				
3				
4				
5				
6				
7				
领取人：　　　归还人：				

任务实施

（1）描述机器视觉系统的核心部件。

表 1.2.4　任务实施 1

部件	描述		
相机			
镜头			
光源			
负责人		验收签字	

（2）描述工业相机系统。

表 1.2.5　任务实施 2

工业相机	组成			
	优点			
智能相机	组成			
	优点			
负责人			验收签字	

（3）描述工业相机的主要类型。

表 1.2.6　任务实施 3

分类依据	描述		
传感器类型			
传感器结构			
传感器色彩输出			
负责人		验收签字	

课堂笔记

（4）描述工业相机的光学接口及数据接口。

表 1.2.7   任务实施 4

接口	描述
工业相机光学接口	
工业相机数据接口	

负责人		验收签字	

任务拓展

（1）描述工业相机与单反相机的区别；

（2）如何连接工业相机系统？

课后作业

小组合作，用 PPT 展示以下内容：

（1）机器视觉系统的核心部件；

（2）工业相机系统组成；

（3）工业相机的主要类型；

（4）工业相机的光学及数据接口。

课堂
笔记

任务1.3

认知工业镜头

任务描述

你作为机器视觉系统的专家，试着向某工业园区相关企业的技术人员介绍工业镜头，帮助其提升对工业镜头的认知水平。

任务要求

通过小组合作及查询资料，采用手绘海报的方式系统介绍工业镜头：

（1）介绍普通镜头和远心镜头的选型计算公式；

（2）描述工业镜头的主要参数。

任务准备

（1）以 4~6 人为一个小组；

（2）各小组使用个人计算机或手机上网查找资料；

（3）各小组准备 A3 白纸、勾线笔、12 色以上马克笔、直尺、橡皮擦若干。

任务实施

（1）普通镜头和远心镜头的选型计算；

（2）描述工业镜头的主要参数；

（3）各小组依次答辩展示。

任务评价

任务评价如表 1-3-1 所示。

表 1-3-1　任务评价

基本信息	认知工业镜头任务					
	班级		学号		分组	
	姓名		时间		总分	
项目内容	评价内容		分值	自评	小组互评	教师评价
任务考核（60%）	普通镜头和远心镜头的选型计算		40			
	描述工业镜头的主要参数		60			
	任务考核总分		100			
素养考核（40%）	操作安全、规范		20			
	遵守劳动纪律		20			
	分享、沟通、分工、协作、互助		20			
	资料查阅、文档编写		20			
	精益求精、追求卓越		20			
	素养考核总分		100			

任务拓展

（1）查找资料，说一说镜头的分类；

（2）在摄影光学系统中，镜头是重要的一个部件，它直接决定整个系统的参数和性能。那么如何选择一个合适的镜头呢？

知识链接

 知识点 1.3.1　镜头的选型计算

镜头的设计和制造的主要理论依据为几何光学。无论是手机镜头还是工业镜头，或

者天文望远镜、显微镜，它们运用的光学原理都是一致的，都是几何光学的原理，只是不同类型的镜头采用了不同的设计模式。工业中常用的镜头可以分为普通镜头与远心镜头两种。

1. 普通镜头的选型计算

对于普通镜头的成像，假定物体成的像长度为 y'，物体的实际长度为 y，镜头的焦距为 f，镜头前端与物体距离（工作距离）为 WD，则存在以下公式：

微课：镜头成像原理

$$\frac{y'}{y} = \frac{f}{\text{WD}}$$

像长度实际上等于传感器的长度，所以上式可以变形为

传感器的长度/物体长度=焦距/工作距离

式中，传感器的长度=分辨率×像素尺寸。

微课：镜头选型方法

例如，给定要拍摄的物体是正方形，尺寸为 100mm×100mm，相机的分辨率为 1920 像素×1200 像素，像素尺寸为 4.8μm，如果指定工作距离为 500mm，计算镜头焦距应为多少。

微课：透视成像原理

计算得知图像传感器的大小约为 9.2mm×5.8mm，因相机芯片为长方形，而物体为正方形，那么需要相机的短边罩住物体投影的像，才能对整个物体成像。指定工作距离为 500mm，根据计算公式 $f = \text{WD} \times y'/y$，代入实际值，可以算出镜头焦距 $f = 29\text{mm}$。如果选择 25mm 镜头，则成像效果如图 1-3-1（a）所示。

假设我们选择 35mm 镜头，便会如图 1-3-1（b）所示，长边满足而短边不满足，即物体拍不全。为什么呢？因为 $y'/y = f / \text{WD}$，在工作距离恒定、物体大小恒定、工作距离恒定时，焦距越大，成的像越大，但是相机芯片尺寸是恒定的，所以像会超出相机芯片范围，原本可以看到整体，现在只能看一个局部。

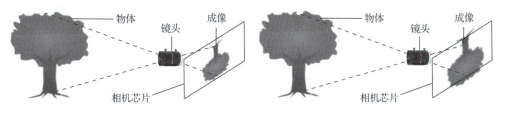

（a）25mm焦距成像效果　　　　　　　　　（b）35mm焦距成像效果

图 1-3-1　不同焦距的成像效果

2. 远心镜头的选型计算

远心镜头与普通镜头的根本差异是，远心镜头可以消除透视差，如图 1-3-2 所示。普通镜头的成像规律是近大远小 ［图 1-3-2（a）］，而远心镜头的成像规律是无论远近，大小一致 ［图 1-3-2（b）］。远心镜头的工作距离是恒定的，镜头前端到物体的距离不能改变，常见远心镜头的工作距离为 65mm 及 110mm。

远心镜头不存在焦距的概念，主要参数为工作距离、靶面、分辨率、放大倍率、畸变率等。其中，放大倍率决定镜头的视野范围（图 1-3-3），其计算公式为

$$镜头放大倍率 = \frac{Y'}{Y}$$

式中，Y' 为图像传感器长度；Y 为物体长度。

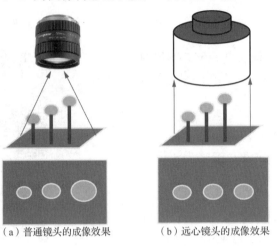

（a）普通镜头的成像效果　　　（b）远心镜头的成像效果

图 1-3-2　普通镜头和远心镜头的成像效果图示

图 1-3-3　远心镜头的选型计算

例如，已知相机的分辨率为 1920 像素×1200 像素，像素尺寸为 4.8μm，选用 0.5 倍的镜头，那么可以拍摄的视野范围是多少呢？

首先，计算出相机芯片的大小为 9.2mm×5.8mm；其次，选用 0.5 倍的镜头，代入公式 $Y = Y'/$ 镜头放大倍率，即拍摄的视野范围是 18.4mm×11.6mm。

知识点 1.3.2　镜头的主要参数

微课：镜头主要参数

工业镜头主要有一系列的参数，分别是靶面尺寸、光圈、聚焦范围、景深、分辨率、畸变率等。

1．靶面尺寸

镜头成像的本质，是将物方的圆形视野聚焦，并在像方成一个圆形像，这个像圆的直径，在镜头参数中称为靶面尺寸。如图 1-3-4（a）所示，如果镜头靶面尺寸匹配于图像传感器尺寸，那么成像为正常图像［图 1-3-4（b）］。如图 1-3-5（a）所示，如果镜头的成像圆小于相机的芯片对角线，那么会出现图示中类似于暗访画面的效果［图 1-3-5（b）］，即四个角出现黑边。

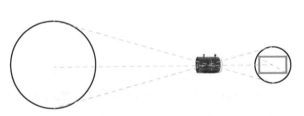

（a）镜头靶面尺寸匹配于图像
传感器尺寸

（b）镜头靶面尺寸匹配于图像
传感器尺寸的成像效果

图 1-3-4　镜头靶面尺寸与图像传感器尺寸匹配

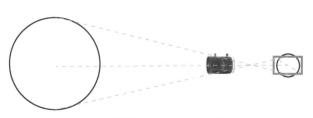

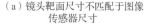

（a）镜头靶面尺寸不匹配于图像 　　　　　（b）镜头靶面尺寸不匹配于图像
　　　 传感器尺寸　　　　　　　　　　　　　　 传感器尺寸的成像效果

图1-3-5　镜头靶面尺寸与图像传感器尺寸不匹配

2．光圈

光圈值是用以描述镜头通光量的参数，光圈越大，镜头通光量越多。镜头的光圈值 F 与镜头中孔径光阑的直径 D 及焦距 f 有关，$F = f/D$，镜头的孔径光阑是可以调节的，它可以扩大或缩小，从而改变光圈值和光通量，如图1-3-6所示。

图1-3-6　光圈的大小图示

如图1-3-7所示，镜头有两个调节环：第一个是镜头聚焦环，它的数值代表的是镜头聚焦离镜头前端多远的距离；第二个是镜头光圈的调节环，刻度值为F2.8、F4、F8、F16，分别对应光圈不同的状态，因此镜头的通光量也对应发生变化。

3．镜头的聚焦范围和景深

图1-3-7　镜头光圈的刻度显示

镜头距离物体有效工作距离的范围称为聚焦范围，超出该范围则不能清晰成像。镜头的景深是指在摄影机镜头或其他成像器前沿能够取得清晰图像的成像所测定的被摄物体前后距离范围。

镜头的景深与光圈、工作距离相关。光圈越大，工作距离越近，镜头的景深越小；光圈越小，工作距离越远，景深越大。如图1-3-8所示，聚焦在某个目标时，光圈设置越大，景深越小；光圈设置越小，景深越大。

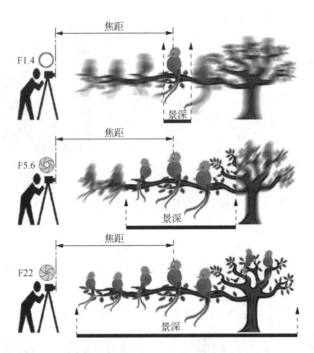

图 1-3-8　光圈与景深

4．镜头的分辨率

分辨率指像面处镜头在单位毫米内能够分辨开的黑白相间的条纹对数。这是评价镜头质量的一个重要参数，图 1-3-9 所示的就是线对黑白条纹。一个线对就是一条黑线与一条白线，100lp/mm（线对/毫米）的意思是在 1mm 内，存在 100 条黑白线。像素分辨率定义为单位毫米内像素单元数的一半。如果像素尺寸为 5μm，则其像素分辨率为 $1/(2 \times 0.005) = 100(\text{lp/mm})$ 。

图 1-3-9　线对黑白条纹

工业上为了便于镜头选型，镜头的标称分辨率通常按照与其匹配的相机的分辨率来选择。表 1-3-2 给出的是镜头的标称分辨率与线对分辨率的对应关系。如果选择 500 万像素镜头，则这个镜头的实际线对分辨率为 160lp/mm。

表 1-3-2　镜头的标称分辨率与线对分辨率的对应关系

镜头标称分辨率	100 万像素	200 万像素	500 万像素
镜头线对分辨率	90lp/mm	110lp/mm	160lp/mm

5．镜头的畸变率

现实中因为设计和加工的原因，拍摄物体时是会产生形变的。被摄物平面内的主轴外直线，经光学系统成像后变为曲线，则此光学系统的成像误差称为畸变。畸变像差只影响成像的几何形状，而不影响成像的清晰度。

如图 1-3-10 所示，畸变可以分为枕形畸变［图 1-3-10（b）］与桶形畸变［图 1-3-10（c）］。

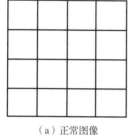

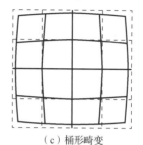

（a）正常图像　　　　　　　　（b）枕形畸变　　　　　　　　（c）桶形畸变

图 1-3-10　镜头成像的两种畸变

图 1-3-11 是枕形畸变［图 1-3-11（a）］与桶形畸变［图 1-3-11（b）］的成像效果。

（a）枕形畸变的成像效果　　　　　　　　（b）桶形畸变的成像效果

图 1-3-11　两种畸变的成像效果

镜头的畸变率的计算公式为

$$镜头的畸变率 = \frac{\Delta y}{y} \times 100\% = \frac{y - y'}{y} \times 100\%$$

式中，y 为正常图像的对角线长度的一半；y' 为畸变图像对角线长度的一半；$\Delta y = y - y'$。

如图 1-3-12 所示，桶形畸变的畸变值为正数，枕形畸变的畸变值为负数。因为镜头畸变的存在，在测量应用中，必然要做畸变校正，通过使用标定板与标定算法，可以将镜头的畸变参数计算出来，之后便可以对目标物体进行精确测量。

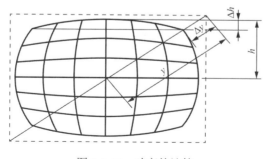

微课：畸变模型

图 1-3-12　畸变的计算

工作手册

| 姓名: | | 学号: | | 班级: | | 日期: | |

认知工业镜头工作手册

任务接收

表 1.3.1　任务分配

序号	角色	姓名	学号	分工
1	组长			
2	组员			
3	组员			
4	组员			
5	组员			

任务准备

表 1.3.2　工作方案设计

序号	工作内容	负责人
1		
2		
3		
4		

表 1.3.3　实训设备、工具与耗材清单

序号	名称	型号与规格	数量	备注
1				
2				
3				
4				
5				
6				
7				

领取人:　　　　　归还人:

任务实施

（1）普通镜头和远心镜头的选型计算。

表 1.3.4　任务实施 1

镜头	选型计算
普通镜头	

课堂
笔记

续表

镜头	选型计算
远心镜头	
负责人		验收签字	

（2）描述工业镜头的主要参数。

表 1.3.5 任务实施 2

参数	描述
靶面尺寸	
光圈	
聚焦范围	
景深	
分辨率	
畸变率	
其他	
负责人		验收签字	

任务拓展

（1）查找资料，说一说镜头的分类；

（2）在摄影光学系统中，镜头是重要的一个部件，它直接决定整个系统的参数和性能。那么如何选择一个合适的镜头呢？

课后作业

小组合作，用 PPT 展示以下内容：

（1）普通镜头和远心镜头的选型计算方法；

（2）工业镜头的主要参数。

课堂
笔记

认知工业光源

任务描述

你作为机器视觉系统的专家，试着向某工业园区相关企业的技术人员介绍工业光源，帮助其提升对工业光源的认知水平。

任务要求

通过小组合作及查询资料，采用手绘海报的方式系统介绍工业光源：

（1）描述光的基本物理特性；

（2）对比常见工业光源的优缺点；

（3）区分 LED 光源的种类和应用。

任务准备

（1）以 4～6 人为一个小组；

（2）各小组使用个人计算机或手机上网查找资料；

（3）各小组准备 A3 白纸、勾线笔、12 色以上马克笔、直尺、橡皮擦若干。

任务实施

（1）描述光的基本物理特性；

（2）对比常见工业光源的优缺点；

（3）区分 LED 光源的种类和应用。

任务评价

任务评价如表 1-4-1 所示。

表 1-4-1　任务评价

基本信息	认知工业光源任务					
	班级		学号		分组	
	姓名		时间		总分	
项目内容	评价内容		分值	自评	小组互评	教师评价
任务考核（60%）	描述光的基本物理特性		20			
	对比常见工业光源的优缺点		30			

续表

项目内容	评价内容	分值	自评	小组互评	教师评价
任务考核 （60%）	区分 LED 光源的种类和应用	50			
	任务考核总分	100			
素养考核 （40%）	操作安全、规范	20			
	遵守劳动纪律	20			
	分享、沟通、分工、协作、互助	20			
	资料查阅、文档编写	20			
	精益求精、追求卓越	20			
	素养考核总分	100			

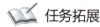 任务拓展

（1）查找资料，了解除文中介绍的工业光源外，还有哪些工业光源；

（2）总结各种工业光源的特点；

（3）论述常用的工业光源分别用于什么机器视觉检测场景。

 知识链接

知识点 1.4.1　　光的基础知识

在机器视觉系统中，光源的作用是提供稳定的照明条件，使被拍摄物待查找特征具备明显而稳定的灰度值差异，并降低环境及物体其他部分的干扰，实现高对比度的物体特征图像，从而降低图像处理算法的难度，提高系统的识别精度及健壮性。如果说机器视觉是给设备装上眼睛，那么好的打光就是令这双眼睛变成火眼金睛。工业现场往往条件是复杂、多变的，好的打光方案可以令视觉系统完全不受环境因素的影响，从而得以获取稳定的、高对比度的图像。

在了解工业光源之前，首先要了解光的基础知识。光是由单一的或多种成分的光谱组成的。例如，日光的光谱就是由从红外到紫外的所有光谱组成的，人眼能感觉的光谱范围在 380nm 紫色至 750nm 红色之间。另外，光在传播过程中，也有一些基本物理特性，包括镜面反射、漫反射、折射、透射、吸收等。

镜面反射：指若反射面比较光滑，当平行入射的光线射到这个反射面时，仍会平行地向一个方向反射出来。

漫反射：投射在粗糙表面上的光向各个方向反射的现象。当一束平行的入射光线射到粗糙的表面时，表面会把光线向四面八方反射，所以入射光线虽然互相平行，由于各点的法线方向不一致，造成反射光线向不同的方向无规则地反射。

折射：光从一种透明介质斜射入另一种透明介质时，传播方向一般会发生变化，这种现象称为光的折射。

透射：入射光经过折射穿过物体后的出射现象称为光的透射。

吸收：原子在光照下吸收光子的能量由低能态跃迁到高能态的现象，称为光的吸收。

知识点 1.4.2　工业光源的分类

微课：光源分类

微课：光源选型要素

常见的机器视觉光源主要有荧光灯［图 1-4-1（a）］、卤素灯［图 1-4-1（b）］、LED 光源［图 1-4-1（c）］三种，它们各自有其优缺点，如表 1-4-2 所示。最初期的机器视觉系统，通常采用卤素灯。随着照明技术的发展，荧光灯也逐渐被使用在视觉系统中。工业 LED 光源成本的降低极大地促进了机器视觉技术的普遍应用，因为 LED 光源可以实现更灵活的结构和颜色设计，这也就意味着可以让出射光线的角度和颜色被灵活定制；而 LED 光源的优点还不止于此，它的亮度可控而且可以频闪，亮度大而且频谱丰富。LED 光源的普及极大地增强了相机获得的图像对比度，使得机器视觉系统可以更稳定、更高效。在工业案例中，实现稳定高效的光照本身就意味着系统成功了一半。

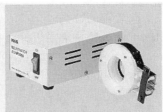

（a）直流荧光灯

（b）卤素灯

（c）LED 光源

图 1-4-1　常见的三种光源

表 1-4-2　光源的优缺点对比

对比项目	高频荧光灯	卤素灯	LED 光源
价格	低	高	中
亮度	低	高	中
稳定性	低	中	高
频闪控制	无	无	有
寿命	中	低	高
均匀度	高	中	低
多色光	无	无	有
打光灵活性	低	中	高
温度影响	中	低	高

LED 光源具备形状装配灵活、光谱范围宽、工作时间长等优点，机器视觉系统中 LED 光源使用最广泛。LED 光源可制成各种形状、尺寸及各种照射角度；可根据需要制成各种颜色，并可以随时调节亮度；通过散热装置，散热效果更好，光亮度更稳定，使用寿命更长；由于 LED 可以做到快速开关控制，故可在 10μs 或更短的时间内达到最大亮度；LED 的供电电源带有外触发，可以通过计算机控制，起动速度快，可以用作频闪灯；可根据客户的需要，进行特殊设计，设计出不同形状的 LED 光源，以满足不同的场景应用。

知识点 1.4.3　LED 光源的种类

根据 LED 光源颗粒的排列，可以将 LED 光源分为环形光源、背光源、同轴光源、AOI 光源等。

1．环形光源

环形光源指环状外观结构的 LED 光源，是较常见的光源种类之一，成本低，维护简单。根据照明的角度，可以将环形光源分为高角度环形光源（图 1-4-2）和低角度环形光源。

如图 1-4-3 所示为使用高角度环形光源照明的电子零件检测。其中，图 1-4-3（a）为高角度环形光源照明示意图，图 1-4-3（b）为光源安装示意图，图 1-4-3（c）为打光前后效果图。可见，用高角度环形光源对电子零件进行打环光后，提高了电子零件成像的对比度。

图 1-4-2　高角度环形光源

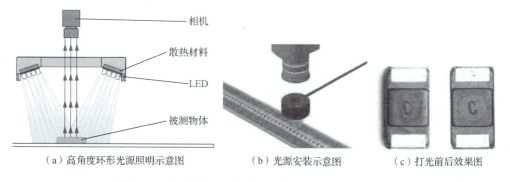

（a）高角度环形光源照明示意图　　（b）光源安装示意图　　（c）打光前后效果图

图 1-4-3　高角度环形光源照明案例——电子零件检测

低角度环形光源（图 1-4-4）的 LED 发光角度主要朝水平方向，发光角度与被测物表面形成一个小角度夹角，即低角度照明。

在塑料壳外观检测案例（图 1-4-5）中，我们需要拍摄到塑料件外壳的表面划伤等外观瑕疵。在标准的环形 LED 光源的照明下，图像中的划伤信息无法被提取到。

采用低角度环形光源，由于塑料壳表面正常处是光滑的，而接近平行的光源绝大部分会发生镜面反射，从而无法被上方相机接收到，而在划伤处，因为表面凹凸不平，所以光能通过漫反射进入相机中，从而能拍摄到并显示为白色的痕迹，如图 1-4-6 所示。

图 1-4-4　低角度环形光源

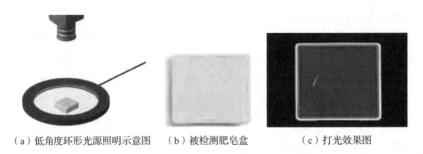

（a）低角度环形光源照明示意图　　（b）被检测肥皂盒　　（c）打光效果图

图 1-4-5　低角度环形光源照明案例——塑料壳外观检测

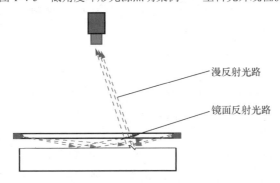

漫反射光路

镜面反射光路

图 1-4-6　低角度光路示意图

2．背光源

背光源（图 1-4-7）又称面光源，背光源的 LED 颗粒装在水平基板上，均匀朝上发光。它的特点是发出的光线形成一个面，对于透明物体，背光可以穿透；对于不透明物体，光线无法穿透，物体的形状轮廓将与背光形成对比，从而极易测量/检测。

在饮料行业中，经常要检测灌装后饮料的液位及生产日期。图 1-4-8（a）为背光源照明示意图，图 1-4-8（b）为水瓶成像效果图。如果饮料采用了透明的包装，则可以通过在饮料后方打一个背光，通过背光之后液面处因为光的折射将会出现一条黑色线，而字符也将因为透明度差于瓶身而呈现为深灰色，从而可以从图像中提取出液面高度及字符信息。

图 1-4-7　LED 背光源

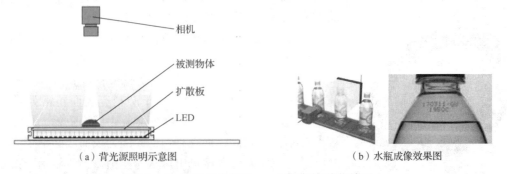

相机

被测物体

扩散板

LED

（a）背光源照明示意图　　　　　　　　（b）水瓶成像效果图

图 1-4-8　背光打光应用——水瓶字符/液位检测

在医药行业中，药品的包装往往需要做易撕线。在背光源照明下 [图 1-4-9 (a)]，若易撕线切好了，就可以观察到切口部分透出的光线，因而会呈现出间断的白色线段 [图 1-4-9 (b)]；假若易撕线部分没切好切口，那么就会不透光，白色线段会中断。

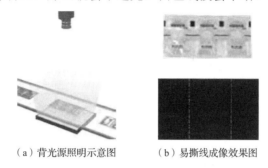

（a）背光源照明示意图　　　　（b）易撕线成像效果图

图 1-4-9　背光源应用——药包易撕线检测

3．同轴光源

同轴光源中的同轴概念，是指光源的入射光线与反射光线是同轴的。同轴光源照明如图 1-4-10 所示。半透半反镜的作用原理是让一半的光通过，一半的光反射。直接通过的一半光照射在黑色的基板上，无法进入相机视野内；而另一半光被垂直向下反射到物体表面，再垂直向上进入相机中。因为入射光线与反射光线是同轴的，所以称为同轴光源照明。

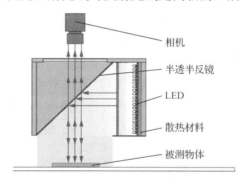

相机

半透半反镜

LED

散热材料

被测物体

图 1-4-10　同轴光源照明图示

在金属端口保护盖的案例 [图 1-4-11 (a)] 中，用同轴光源照明，从而使得字符变得更加突出 [图 1-4-11 (b)]。这个案例运用了金属光面与字符的反射性差异（图 1-4-12）。金属的光面具有很好的镜面反射效果，而字符因为表面有凹凸纹理，主要发生漫反射，因此相对于光面部分，字符呈现出相对的黑色。

（a）同轴光源照明示意图　　　　（b）金属端口成像效果图

图 1-4-11　同轴光源应用——金属端口检测

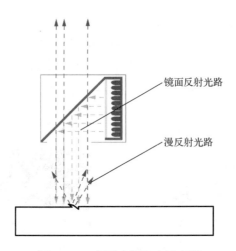

图 1-4-12　同轴光源打光示意图

4．AOI 光源

AOI 光源的成像原理与技术与其他光源略有不同，它是利用不同颜色以不同角度照射到物体表面，因物体表面的高度起伏不同，其反射的光线颜色和光路产生较大差异，从而使相机看到不同高度的颜色有很大差异，进而得到可检测的图像信息。AOI 光源适用于检测表面立体特征有镜面反光的物体。AOI 光源广泛应用于印制电路板（printed circuit board，PCB）缺件、漏焊、虚焊、多锡等检测领域。

如图 1-4-13 所示，在被测物上表面有三个点位 A、B、C，因为三个点位的空间高度和位置不同，而且三种颜色的 LED 的空间高度和位置也不同，所以导致每个点位反射不同颜色光线的角度不一致。以点位 A 为例，蓝色 LED 发出的蓝光经由镜面反射进入相机内，而与此同时，红色 LED 发出的红光经由镜面反射直接偏离了镜头所在位置，从而对于点位 A 而言，相机接收到的蓝光最多，从而在图像中点位 A 呈现蓝色。与此同理，点位 B 在图像中呈现绿色，点位 C 在图像中呈现红色。

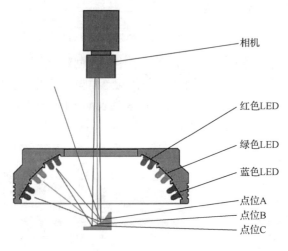

图 1-4-13　AOI 光源工作图示

如图 1-4-14（a）所示，焊锡有一半缺焊，一半完整。漏焊部分对应图 1-4-13 中点位 C 的反射光路，在图像中呈现红色，而有焊锡的部分则对应点位 A 的反射光路，在图像中呈现蓝色。图 1-4-14（b）为缺焊效果图，整个焊点位都没有锡点，缺焊部位主要反射的是红色光源，从而呈现红色。图 1-4-14（c）为少焊效果图，在焊点上方处呈现红色，而在右边，锡点因为不够饱满，从而主要反射绿色光线，呈现绿色。图 1-4-14（d）为搭锡效果图，两个锡点连接在一起，因为锡点足够饱满，在图像中，两个蓝色锡点之间出现了一条连接通道。

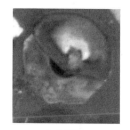
（a）漏焊

（b）缺焊
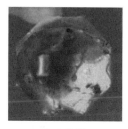
（c）少焊

（d）搭锡

图 1-4-14　AOI 光源中焊接不良效果图

在机器视觉系统应用实训平台的视觉器件箱中，AOI 光源是由小号、中号、大号三个光源组合而成的，其中小号为 RGB 三通道三色可选光源，中号为绿色光源，大号为蓝色光源，在实际应用中，需要将小号光源的红色通道点亮，这样就符合 AOI 光源从上到下分别为红、绿、蓝的分布。

5. 点光源、球积分光源及线扫光源

点光源（图 1-4-15）采用大功率的 LED 灯珠，发光强度高，经常用于配合远心镜头使用。应用领域主要是经常用于微小元器件的检测场景、Mark 点定位，以及晶片、液晶玻璃地基矫正等应用场景。

球积分光源（图 1-4-16）采用半球结构设计，空间 360° 漫反射，光线打到被拍摄物上很均匀。应用领域主要是曲面、弧形表面的检测场景，表面存在凹凸的检测场景，金属及玻璃等表面反光强烈的物体表面检测场景等。

线扫光源（图 1-4-17）的大功率高亮 LED 灯珠采用横向排布，发出的主要是一条光带。光源的长度可以根据需求定制，线扫光源主要配合线扫相机使用。应用场景主要是大幅面印刷品表面缺陷检测、大幅面尺寸精密测量、丝印检测等应用场景，可用于前向照明和背向照明等。

图 1-4-15　点光源

图 1-4-16　球积分光源

图 1-4-17　线扫光源

工作手册

姓名:	学号:	班级:	日期:

认知工业光源工作手册

任务接收

表 1.4.1 任务分配

序号	角色	姓名	学号	分工
1	组长			
2	组员			
3	组员			
4	组员			
5	组员			

任务准备

表 1.4.2 工作方案设计

序号	工作内容	负责人
1		
2		
3		
4		

课堂
笔记

表 1.4.3 实训设备、工具与耗材清单

序号	名称	型号与规格	数量	备注
1				
2				
3				
4				
5				
6				
7				

领取人: 归还人:

任务实施

（1）描述光的基本物理特性。

表 1.4.4　任务实施 1

内容	描述
光的基本物理特性	
负责人	验收签字

（2）对比常见工业光源的优缺点。

表 1.4.5　任务实施 2

常见工业光源	优缺点
高频荧光灯	
卤素灯	
LED 光源	
负责人	验收签字

（3）区分 LED 光源的种类和应用。

表 1.4.6　任务实施 3

LED 光源种类	应用
环形光源	
背光源	
同轴光源	
AOI 光源	
点光源、球积分光源及线扫光源	
负责人	验收签字

任务拓展

（1）查找资料，了解除文中介绍的工业光源外，还有哪些工业光源；

（2）总结各种工业光源的特点；

（3）论述常用的工业光源分别用于什么机器视觉检测场景。

课后作业

小组合作，用 PPT 展示以下内容：

（1）光的基本物理特性；

（2）常见工业光源的优缺点；

（3）LED 光源的种类和应用。

课堂
笔记

2 项目

认识图像信息处理

>>>>

◎ **项目导入**

视觉是人类获取信息的最主要途径，是人类认识世界和人类本身的重要手段。图像是人的视觉所接收，在人脑中所形成的印象或认识。照片、绘画、地图、书法、汉字、影视画面、X光片、心电图等都是图像。

模拟图像，是在二维坐标系中连续变化的图像，用胶卷拍出的相片是模拟图像，根据胶卷洗出 1 寸的照片与 2 寸的照片，视觉效果差距不大。而使用计算机对图像进行处理，则需要使用数字图像。

数字图像，是使用有限像素表示的二维图像，是由模拟图像经数字化得到的，可以用计算机存储和处理。二维数字图像一般是一个二维矩阵，可以用一个二维数组来表示，一般数组中某个元素的值表示图像在该点处的灰度值。

◎ **学习目标**

知识目标

1. 掌握相机成像原理、模型；
2. 掌握相机成像模型中各个坐标系的意义；
3. 理解相机标定的原理；
4. 掌握相机的参数及其含义。

能力目标

1. 能阐述相机标定的方法；
2. 能编写基本的图像处理算法代码。

素质目标

1. 培养解决问题、勇于探究的工匠精神；
2. 树立创新意识，提升职业素养和信息素养。

认识相机成像模型

任务描述

相机的成像模型是描述相机如何将三维世界中的场景转换成二维图像的数学模型。在计算机视觉和摄影领域，理解成像模型对于图像处理和重建三维场景非常重要。两千四五百年前，墨子和他的学生做了世界上第一个小孔成像的试验，是人类历史上第一个相对准确的物体成像模型。

接下来我们就要学习关于相机成像的基本模型。

任务要求

本任务要求同学们学习相机成像的原理，并根据凸透镜成像的相关知识，学习针孔成像模型，根据相机成像模型理解并掌握相机内各个坐标系的意义：

（1）掌握相机成像原理、模型；

（2）掌握相机成像模型中各个坐标系的意义；

（3）理解各种类型的相机。

任务准备

准备机器视觉系统应用实训平台和配套器件箱、工具箱、实训器材。可以在学习中查看相关器件，加深对知识的理解。

（1）以 4~6 人为一个小组；

（2）各小组准备 A3 白纸、勾线笔、12 色以上马克笔、直尺、橡皮擦若干；

（3）通过学习的知识，理解相机模型、成像的原理，并完成后续任务。

任务实施

本任务主要认识相机成像模型，了解工具箱、器件箱中的设备，可以通过相机镜头等设备，形象地理解介绍的知识。

任务实施步骤如下：

（1）描述凸透镜成像原理、相机成像的针孔模型；

（2）结合相机、镜头实物认识成像原理，介绍上面焦距、光圈的调节作用，在实际器材上调节焦距与光圈，将产生的效果和理论进行对比；

（3）举例描述不同种类的相机、镜头。

任务评价

任务评价如表 2-1-1 所示。

表 2-1-1　任务评价

基本信息	认识相机成像模型任务					
	班级		学号		分组	
	姓名		时间		总分	
项目内容	评价内容		分值	自评	小组互评	教师评价
任务考核（60%）	描述凸透镜成像原理、相机成像的针孔模型		20			
	结合实物描述相机、镜头		30			
	举例描述不同种类的相机、镜头		50			
	任务考核总分		100			
素养考核（40%）	操作安全、规范		20			
	谨守劳动纪律		20			
	分享、沟通、分工、协作、互助		20			
	资料查阅、文档编写		20			
	精益求精、追求卓越		20			
	素养考核总分		100			

 任务拓展

列举除针孔成像模型外的其他成像模型。

知识链接

知识点 2.1.1　凸透镜成像

凸透镜是中央较厚、边缘较薄的透镜，分为双凸、平凸和凹凸等形式，凸透镜有会聚光线的作用，与透镜的厚度有关系。

凸透镜成像规律：物体放在凸透镜的焦点之外，在凸透镜另一侧成倒立的实像，实像有缩小、等大、放大三种；物体放在焦点之内，在凸透镜同一侧成正立放大的虚像，如表 2-1-2 所示。

表 2-1-2　凸透镜成像规律

物距 u	像距 v	正倒	大小	虚实	应用	物像的位置关系
$u > 2f$	$f < v < 2f$	倒立	缩小	实像	照相机、摄像机	物像异侧
$u = 2f$	$v = 2f$		等大		测焦距	
$f < u < 2f$	$v > 2f$		放大		电影放映机、投影仪	
$u = f$	不成像				强光聚焦手电筒	—
$u < f$	$v > u$	正立	放大	虚像	放大镜	物像同侧

注：f 为焦距。

其他相机成像模型

工业相机的成像模型主要就是以上的过程,但是对于日常生活中使用的一些成像设备,如广角相机、鱼眼镜头等,由于用途、使用场景的不同,它们之间往往有很大的差异。

广角镜头相机就是相机镜头有很宽广的视角,也就是在有限的距离内可以容纳更多的景物范围。衡量相机广角的参数是最小焦距。焦距越小,广角越广,适合拍大场面的风景和高大的建筑物等,但同时也会伴有图片的变形,越近,变形越多,不适合拍人物特写。

鱼眼镜头相机会产生极大的变形,因此针孔模型无法为鱼眼镜头建模。以适用于35mm单镜头反光照相机的交换镜头为例,鱼眼镜头是一种焦距在6~16mm的短焦距超广角摄影镜头,鱼眼镜头是它的俗称。为使镜头达到最大的摄影视角,这种摄影镜头的前镜片直径很短且呈抛物状向镜头前部凸出,与鱼的眼睛颇为相似,鱼眼镜头因此而得名。

变焦镜头在不改变拍摄距离的情况下,可以通过变动焦距来改变拍摄范围,因此非常有利于画面构图。由于一个变焦镜头可以兼负起若干个定焦镜头的作用,故外出旅游时不仅减少了携带摄影器材的数量,也节省了更换镜头的时间。

变焦镜头最大的特点在于,它实现了镜头焦距可按摄影者意愿变换的功能。与固定焦距镜头不同,变焦镜头并不是依靠快速更换镜头来实现镜头焦距变换的,而是通过推拉或旋转镜头的变焦环来实现镜头焦距变换的,在镜头变焦范围内,焦距可无级变换,即变焦范围内的任何焦距都能用来摄影,这就为实现构图的多样化创造了条件。

📝 工作手册

姓名:	学号:	班级:	日期:

认识相机成像模型工作手册

任务接收

表 2.1.1 任务分配

序号	角色	姓名	学号	分工
1	组长			
2	组员			
3	组员			
4	组员			
5	组员			

任务准备

表 2.1.2 工作方案设计

序号	工作内容	负责人
1		
2		
3		
4		

课堂笔记

表 2.1.3　实训设备、工具与耗材清单

序号	名称	型号与规格	数量	备注
1				
2				
3				
4				
5				
6				
7				

领取人：　　　　归还人：

任务实施

（1）描述凸透镜成像原理、相机成像的针孔模型。

表 2.1.4　任务实施 1

内容	描述
凸透镜成像原理	
相机成像的针孔模型	
负责人		验收签字	

课堂
笔记

（2）结合相机、镜头实物认识成像原理，介绍上面焦距、光圈的调节作用，在实际器材上调节焦距与光圈，将产生的效果和理论进行对比。

表 2.1.5　任务实施 2

内容	描述
结合相机、镜头实物描述成像原理及焦距、光圈的调节作用	
在实际器材上调节焦距与光圈，将产生的效果和理论进行对比	
负责人		验收签字	

（3）举例描述不同种类的相机、镜头。

表 2.1.6　任务实施 3

内容	描述	
举例说明不同种类的相机		
举例说明不同种类的镜头		
负责人		验收签字	

课堂
笔记

任务拓展

列举除针孔成像模型外的其他成像模型。

课后作业

小组合作，用 PPT 展示以下内容：

（1）凸透镜成像物距、像距之间的关系；

（2）相机成像模型、成像坐标系之间的关系。

任务 2.2

认识图像处理

任务描述

视觉是人类观察世界、认知世界的重要感觉。人类通过眼睛和大脑来获取、处理与理解视觉信息。周围环境中的物体在可见光的照射下，在人眼的视网膜上形成图像，由感光细胞将其转换成神经脉冲信号，并经神经纤维传入大脑皮层进行处理与理解。也就是说，视觉不仅包括对光信号的感受，还包括对视觉信息的获取、传输、处理与理解的全过程。

随着信号处理理论和计算机技术的发展，人们用摄像机获取环境图像，并将其转换为数字信号，用计算机实现对视觉信息处理的全过程。计算机具有通过一幅或多幅图像认知周围环境信息的能力，这使计算机不仅能模拟人眼的功能，而且能完成人眼所不能胜任的工作。随着硬件的不断升级，计算能力不断提升，图像处理的方法也越来越多，发展势头迅猛。

本任务简单介绍一些关于图像处理的相关技术及基础的图像处理知识，包括灰度直方图、阈值分割、空间域滤波、频率域滤波、形态学处理等。要求学习这些理论，理解数字图像处理的原理与方法。

任务要求

（1）认识图像；

（2）掌握灰度直方图、阈值分割、空间域滤波、频率域滤波、形态学处理的基本原理。

任务准备

准备机器视觉系统应用实训平台和配套器件箱、工具箱、实训器材。可以在学习中查看相关器件，加深对知识的理解。

（1）以 4～6 人为一个小组；

（2）各小组准备 A3 白纸、勾线笔、12 色以上马克笔、直尺、橡皮擦若干；

（3）通过学习的知识，理解什么是图像，并完成后续任务。

任务实施

1．认识图像

描述图像、二值图像、灰度图像。

2．认识灰度直方图

描述和举例说明什么是图像的灰度直方图。

3．认识阈值分割

描述和举例说明什么是图像的阈值分割。

4．描述图像滤波的含义

简述均值滤波、高斯滤波、中值滤波的含义。

5．认识频率域滤波

简述何为图像中的高频信号、低频信号。

6．认识形态学处理

简述开运算、闭运算、膨胀、腐蚀操作的含义。

 任务评价

任务评价如表 2-2-1 所示。

表 2-2-1　任务评价

基本信息	认识图像处理任务					
	班级		学号		分组	
	姓名		时间		总分	
项目内容	评价内容		分值	自评	小组互评	教师评价
任务考核 （60%）	描述二值图像、灰度图像的含义		20			
	描述图像直方图的含义		20			
	描述阈值分割的含义		20			
	描述图像滤波的含义		20			
	描述形态学处理的含义		20			
	任务考核总分		100			
素养考核 （40%）	操作安全、规范		20			
	遵守劳动纪律		20			
	分享、沟通、分工、协作、互助		20			
	资料查阅、文档编写		20			
	精益求精、追求卓越		20			
	素养考核总分		100			

 任务拓展

车牌识别是一种使用计算机技术来自动识别车辆牌照的技术，被广泛应用于交通管理、安全监控、停车场管理和自动收费系统等领域。那么，在一个车牌识别系统中，是怎么定位车牌字符区域并进行字符识别的呢？

 知识链接

知识点 2.2.1　灰度直方图

图像的灰度直方图是一个离散函数，它表示图像每一灰度级别与该灰度级出现频率的对应关系。假设一幅图像的像素总数为 N，灰度级总数为 L，其中灰度级为 g 的像素总数为 Ng，则这幅数字图像的灰度直方图横坐标即为灰度 g（$0 \leq g \leq L-1$），纵坐标为灰度值出现的次数。灰度直方图示例如图 2-2-1 所示。

微课：数字图像的颜色模型

微课：数字图像的格式

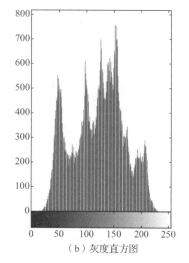

（a）原灰度图像　　　　　　　　（b）灰度直方图

图 2-2-1　灰度直方图示例

　阈值分割

阈值分割是将目标从背景中区分开来的一种方法，全局固定阈值分割
也称二值化。其基本思想是图像中的目标和背景区别明显，其灰度直方图
呈明显的双峰分布，选取合适的阈值可以方便地将目标分割出来。阈值分
割示例如图 2-2-2 所示。

微课：图像二值化

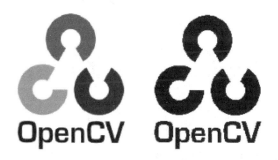

图 2-2-2　阈值分割示例

　图像滤波

1．空间域滤波

1）均值滤波

均值滤波是一种线性平滑滤波。它的基本思想是用领域内几个像素灰度值的平均值来
代替一个像素原来的灰度值。这种处理方法减小了图像灰度的尖锐变化，由于典型的随
机噪声表现为灰度级的尖锐变化，因此这种方法可以实现图像的减噪和平滑。均值滤波
示例如图 2-2-3 所示。

图 2-2-3　均值滤波示例

2）高斯滤波

高斯滤波就是对整幅图像进行加权平均的过程，每个像素点的值都是由其本身和其邻域内的其他像素值经过加权平均后得到的。可以理解为，用一个模板扫描图像中的每一个像素，用模板确定的领域内像素的加权平均灰度值去代替模板中心像素点的值，这个过程也称为卷积。高斯滤波示例如图 2-2-4 所示。

图 2-2-4　高斯滤波示例

高斯模板实际上也就是模拟高斯函数的特征，具有对称性并且数值由中心向四周不断减小。高斯滤波器是一种带权的平均滤波器，广泛应用于图像处理的去噪过程。

3）中值滤波

中值滤波和均值滤波、高斯滤波类似，区别在于中值滤波取领域内的中值替代当前值，而不是均值。中值滤波示例如图 2-2-5 所示。

图 2-2-5　中值滤波示例

2．频率域滤波

傅里叶变换表明，在满足某些数学条件时，任何周期函数都可以表示为不同频率的正弦和或余弦和的形式，每个正弦或余弦乘以不同的系数，甚至非周期的有限函数也可以用正弦或余弦乘以加权函数的积分来表示。进行傅里叶变换的函数，可以通过反变换来进行重建且不丢失原始信息。基于此特征，可以将图像信号转换至频率域，去掉某些频率的信号后，变换回来，重新生成图像。巴特沃斯低通滤波示例如图 2-2-6 所示。

图 2-2-6　巴特沃斯低通滤波示例

知识点 2.2.4　　形态学处理

形态学处理可以用来抽取图像的区域形状特征，如边界、骨骼和轮廓，也经常用于图像的预处理和后处理，如形态学滤波、细化和修剪等。形态学处理的基本运算有膨胀、腐蚀、开、闭等。

腐蚀运算：腐蚀是数字形态学的两种基本运算之一，腐蚀的主要作用是消除物体边界点，使边界向内部收缩，可以把小于结构元素的物体去除。假设 A 为目的图像，B 为结构图像，则 A 被 B 腐蚀的过程可以描述为 $A \ominus B$，将结构元素 B 在图像 A 上遍历，如果结构元素 B 中的每一点都与以 (x, y) 为中心的相同邻域中的对应像素完全相同，那么就保留 (x, y) 像素，对于不满足条件的像素点就去掉并置 "0"，如图 2-2-7 所示。

结构A　　　　　　　　　结构B　　　　　　　　结构A被腐蚀后

图 2-2-7　腐蚀

膨胀运算：与腐蚀运算刚好相反，可以描述为 $A \oplus B$。将结构元素在目标图像上遍历，如果 B 与 A 的交集不为空，则像素保留。这样就会使图像中的高亮区域逐渐增长，类似于领域扩张，效果图拥有比原图更大的目标区域，如图 2-2-8 所示。

结构A　　　　　　　　　结构B　　　　　　　　结构A膨胀后

图 2-2-8　膨胀

开运算：使用结构元素 B 对 A 先腐蚀，再进行膨胀操作，就是开运算操作。开运算能够去除孤立的小点、毛刺和小桥，而目标图像的位置和总的形状大体不变。

闭运算：闭运算与开运算相反，是先膨胀后腐蚀，具有消除闭合物体内部空洞，填充闭合区域的特点。

工作手册

姓名：	学号：	班级：	日期：

认识图像处理工作手册

任务接收

表 2.2.1 任务分配

序号	角色	姓名	学号	分工
1	组长			
2	组员			
3	组员			
4	组员			
5	组员			

任务准备

表 2.2.2 工作方案设计

序号	工作内容	负责人
1		
2		
3		
4		

课堂笔记

表 2.2.3 实训设备、工具与耗材清单

序号	名称	型号与规格	数量	备注
1				
2				
3				
4				
5				

领取人： 归还人：

任务实施

（1）学习关于图像的基础知识。

表 2.2.4　任务实施 1

内容	描述	
二值图像的含义		
灰度图像的含义		
负责人		验收签字	

（2）描述灰度直方图的含义。

表 2.2.5　任务实施 2

内容	描述	
灰度直方图的含义		
负责人		验收签字	

（3）描述阈值分割的含义。

表 2.2.6　任务实施 3

内容	描述	
阈值分割的含义		
负责人		验收签字	

（4）描述图像滤波的含义。

表 2.2.7　任务实施 4

内容	描述	
图像滤波的含义		
负责人		验收签字	

课堂
笔记

（5）描述形态学处理的含义。

表 2.2.8　任务实施 5

内容	描述	
形态学处理的含义		
负责人	验收签字	

任务拓展

车牌识别是一种使用计算机技术来自动识别车辆牌照的技术，被广泛应用于交通管理、安全监控、停车场管理和自动收费系统等领域。那么，在一个车牌识别系统中，是怎么定位车牌字符区域并进行字符识别的呢？

课后作业

小组合作，用 PPT 展示以下内容：

（1）人眼视觉的特点；

（2）一幅图像的形成过程及特点；

（3）图形中可以包含的信息及一般的图像信息处理方法。

任务 2.3

认识图像特征提取

任务描述

2021 年，"祝融号"火星车成功登陆火星，并成功传回了火星着陆点全景、火星地形地貌、"中国印迹"和"着巡合影"等影像图。首批科学影像图的发布，标志着中国首次火星探测任务取得圆满成功。6 月 27 日，中国国家航天局发布中国天问一号火星探测任务着陆和巡视探测系列实拍影像。其中，"祝融号"火星车火星表面移动过程视频是人类首次获取的火星车在火星表面的移动过程影像。

微课：图像处理算法——特征提取

火星探测成功地传输回来大量火星表面图像，对图像信息进行分析处理的过程，就涉及使用各种边缘检测等进行图像的特征提取。接下来我们简单介绍一些特征检测方法，同学们需要充分认识这些方法的原理和优缺点等。

任务要求

（1）理解基本的边缘检测算子；

（2）理解基本的特征点提取与匹配算法；

（3）掌握基本的代码编写，实现简单的检测。

任务准备

准备机器视觉系统应用实训平台和配套器件箱、工具箱、实训器材。可以在学习中查看相关器件，加深对知识的理解。

（1）以 4~6 人为一个小组；

（2）各小组准备 A3 白纸、勾线笔、12 色以上马克笔、直尺、橡皮擦若干；

（3）通过学习的知识，理解边缘检测算子、二阶微分边缘检测算子、特征点提取与配准，并完成后续任务。

任务实施

1．认识边缘检测算子

学习并理解图像梯度、Sobel 算子等。

2．认识特征点提取与配准

学习并理解 Harris 角点。

任务评价

任务评价如表 2-3-1 所示。

表 2-3-1　任务评价

基本信息	认识图像特征提取任务					
	班级		学号		分组	
	姓名		时间		总分	
项目内容	评价内容		分值	自评	小组互评	教师评价
任务考核 （60%）	描述边缘检测算子原理与效果		60			
	描述特征点提取与配准主要原理与效果		40			
	任务考核总分		100			
素养考核 （40%）	操作安全、规范		20			
	遵守劳动纪律		20			
	分享、沟通、分工、协作、互助		20			
	资料查阅、文档编写		20			
	精益求精、追求卓越		20			
	素养考核总分		100			

 **任务拓展**

简述如何在一幅图像中查找边缘信息。

 知识链接

知识点 2.3.1 **边缘检测算子**

微课：图像处理算法——边缘检测

1. 图像梯度

函数的变化程度可用一阶导数表示，而对于二维图像，其局部特征的显著变化可以用梯度来检测。梯度是函数变化的一种度量，定义为

$$G(x,y) = \begin{bmatrix} f_x \\ f_y \end{bmatrix} = \begin{bmatrix} \partial f/\partial x \\ \partial f/\partial y \end{bmatrix}$$

梯度是一个矢量，函数的梯度给出了方向导数取最大的方向：

$$\theta(x,y) = \arctan(f_y/f_x)$$

而这个方向的方向导数等于梯度的模。

因此，可以有两种简单的卷积模板，一种为水平方向上的，一种为垂直方向上的。用一个常见的 2×2 一阶差分模板来求 x、y 方向上的偏导数：

$$G_x = \begin{bmatrix} -1 & 1 \\ -1 & 1 \end{bmatrix}$$

$$G_y = \begin{bmatrix} 1 & 1 \\ -1 & -1 \end{bmatrix}$$

x 方向梯度、y 方向梯度图像处理效果如图 2-3-1 所示。

图 2-3-1 x 方向梯度、y 方向梯度图像处理效果

2．Sobel 算子

Sobel 算子是一种用于边缘检测的离散微分算子，它结合了高斯平滑和微分求导。Sobel 算子模板（包括 x 方向和 y 方向）如下：

$$G_x = \begin{bmatrix} -1 & 0 & 1 \\ -2 & 0 & 2 \\ -1 & 0 & 1 \end{bmatrix}$$

$$G_y = \begin{bmatrix} 1 & 2 & 1 \\ 0 & 0 & 0 \\ -1 & -2 & -1 \end{bmatrix}$$

该算子用于计算图像明暗程度近似值，根据图像边缘旁边明暗程度把该区域内超过某个数的特定点记为边缘。Sobel 算子在 Prewitt 算子的基础上增加了权重的概念，认为相邻点的距离远近对当前像素点的影响是不同的，距离越近的像素点对当前像素的影响越大，从而实现图像锐化并突出边缘轮廓。

Sobel 算子根据像素点上下、左右邻点灰度加权差，在边缘处达到极值这一现象检测边缘，对噪声具有平滑作用，提供较为精确的边缘方向信息。因为 Sobel 算子结合了高斯平滑和微分求导（分化），所以结果会具有更多的抗噪性，当对精度要求不是很高时，Sobel 算子是一种较为常用的边缘检测方法。Sobel 算子的边缘定位更准确，常用于噪声较多、灰度渐变的图像。

Sobel 算子的图像处理效果如图 2-3-2 所示。

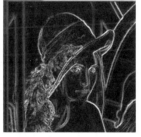

图 2-3-2　Sobel 算子的图像处理效果

知识点 2.3.2　　特征点提取与配准

如何高效且准确地匹配出两个不同视角的图像中的同一个物体，是许多视觉应用中的第一步。虽然图像在计算机中是以灰度矩阵的形式存在的，但是利用图像的灰度并不能准确地找出两幅图像中的同一个物体。这是由于灰度受光照的影响，并且当图像视角变化后，同一个物体的灰度值也会跟着变化。所以，就需要找出一种能够在相机进行移动和旋转（视角发生变化）时仍然能够保持不变的特征，利用这些不变的特征来找出不同视角的图像中的同一个物体。

下面介绍常见的 Harris 角点算法。

人眼对角点的识别通常是在一个局部的小区域或小窗口完成的，如图 2-3-3 所示。如果在各个方向上移动这个特征的小窗口，窗口内区域的灰度发生了较大的变化，那么就认为在窗口内遇到了角点。如果这个特定的窗口在图像各个方向上移动时，窗口内图像的灰度没有发生变化，那么窗口内就不存在角点；如果窗口在某一个方向移动时，窗口内图像的灰度发生了较大的变化，而在另一些方向上没有发生变化，那么，窗口内的图像可能就是一条直线的线段。

Harris 角点算法的基本思想是使用一个固定窗口在图像上进行任意方向上的滑动，比较滑动前与滑动后两种情况下窗口中的像素灰度变化程度，如果存在任意方向上的滑动，都有着较大灰度变化，那么我们可以认为该窗口中存在角点。Harris 角点效果如图 2-3-4 所示。

图 2-3-3　角点区域

图 2-3-4　Harris 角点效果

工作手册

姓名：		学号：		班级：		日期：	

认识图像特征提取工作手册

任务接收

表 2.3.1　任务分配

序号	角色	姓名	学号	分工
1	组长			
2	组员			
3	组员			
4	组员			
5	组员			

课堂
笔记

任务准备

表 2.3.2　工作方案设计

序号	工作内容	负责人
1		
2		
3		
4		

表 2.3.3　实训设备、工具与耗材清单

序号	名称	型号与规格	数量	备注
1				
2				
3				
4				
5				

领取人：　　　　归还人：

任务实施

（1）描述边缘检测算子原理与效果。

表 2.3.4　任务实施 1

内容	描述
图像梯度的含义与用法	
Sobel 算子的含义与用法	
负责人	验收签字

（2）描述特征点提取与配准主要原理与效果。

表 2.3.5　任务实施 2

内容	描述
Harris 角点	
负责人	验收签字

课堂
笔记

任务拓展

简述如何在一幅图像中查找边缘信息。

课后作业

小组合作，用 PPT 展示以下内容：

（1）举例说明主要的一阶微分边缘检测算子的作用与意义；

（2）举例说明主要的二阶微分边缘检测算子的作用与意义；

（3）举例说明主要的特征点提取与配准方法并进行分析。

课堂
笔记

任务 2.4

认识相机标定

任务描述

在图像测量过程及机器视觉应用中，为确定空间物体表面某点的三维几何位置与其在图像中对应点之间的相互关系，必须建立相机成像的几何模型，这些几何模型参数就是相机参数。在大多数条件下，这些参数必须通过实验与计算才能得到，这个求解参数的过程就称为相机标定（或摄像机标定）。无论是在图像测量还是机器视觉应用中，相机参数的标定都是非常关键的环节，其标定结果的精度及算法的稳定性直接影响相机工作产生结果的准确性。

本任务需要学习相机标定基础知识，掌握相机成像模型、相机模型参数、相机标定的原理与方法。

任务要求

（1）理解并掌握相机标定的原理与意义；

（2）理解并掌握相机的参数及其含义；

（3）理解并掌握相机标定的方法。

任务准备

准备机器视觉系统应用实训平台和配套器件箱、工具箱、实训器材。可以在学习中查看相关器件，加深对知识的理解。

（1）以 4～6 人为一个小组；

（2）各小组准备 A3 白纸、勾线笔、12 色以上马克笔、直尺、橡皮擦若干；

（3）通过学习的知识，理解相机模型、相机标定方法，并完成后续任务。

任务实施

根据之前学习的相机模型相关知识，通过相机的标定方法对参数进行求解。

任务实施步骤如下：

（1）学习并掌握针孔相机模型之下，相机具有哪些参数，描述参数的含义；

（2）描述相机标定方法。

任务评价

任务评价如表 2-4-1 所示。

表 2-4-1　任务评价

基本信息	认识相机标定任务					
	班级		学号		分组	
	姓名		时间		总分	
项目内容	评价内容		分值	自评	小组互评	教师评价
任务考核（60%）	描述相机的参数及含义		50			
	描述相机标定的目的与含义		50			
任务考核总分			100			
素养考核（40%）	操作安全、规范		20			
	遵守劳动纪律		20			
	分享、沟通、分工、协作、互助		20			
	资料查阅、文档编写		20			
	精益求精、追求卓越		20			
素养考核总分			100			

任务拓展

说明相机标定的含义，进行一些尺寸测量任务之前为什么要进行相机标定？

知识链接

 **知识点 2.4.1　相机参数**

相机成像模型如下：

$$Z_C \begin{bmatrix} u \\ v \\ 1 \end{bmatrix} = \begin{bmatrix} \dfrac{f}{\mathrm{d}x} & -\dfrac{\cot\theta}{\mathrm{d}x} & u_0 \\ 0 & \dfrac{f}{\mathrm{d}y\sin\theta} & v_0 \\ 0 & 0 & 1 \end{bmatrix} \begin{bmatrix} \boldsymbol{R} & \boldsymbol{T} \end{bmatrix} \begin{bmatrix} X_W \\ Y_W \\ Z_W \\ 1 \end{bmatrix} = \boldsymbol{K} \begin{bmatrix} \boldsymbol{R} & \boldsymbol{T} \end{bmatrix} \begin{bmatrix} X_W \\ Y_W \\ Z_W \\ 1 \end{bmatrix} = \boldsymbol{P} \begin{bmatrix} X_W \\ Y_W \\ Z_W \\ 1 \end{bmatrix}$$

式中，Z_C 为相机坐标系下的 Z 坐标值；$\boldsymbol{K}$ 称为相机的内参矩阵，内参矩阵取决于相机的内部参数；f 为焦距；$\mathrm{d}x$、$\mathrm{d}y$ 分别表示 x、y 方向上的一个像素在相机感光板上的物理长度（即一个像素在感光板上是多少毫米），分别表示相机感光板中心在像素坐标系下的坐标；θ 表示感光板的横边和纵边之间的角度（90°表示无误差）；u_0、v_0 为图像中心的坐标；$\boldsymbol{R}$、$\boldsymbol{T}$ 分别为旋转矩阵、平移矩阵；$\boldsymbol{P}$ 为平移矩阵。这些参数通常需要通过实验与计算得到，这个求解参数的过程就称为相机标定。

由于镜头的物理特性，在成像的过程中会有畸变效应。畸变主要有径向畸变和切向畸变两种。径向畸变产生的主要原因是镜头径向曲率的不规则变化，它会导致图像的扭曲变形。径向畸变有枕形畸变和桶形畸变，如图 2-4-1 所示。通过相机标定，可以对畸变进行校正，从而获得正常的图像。

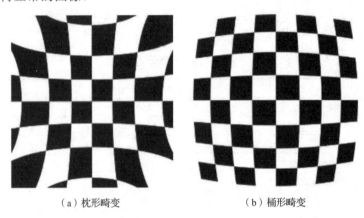

（a）枕形畸变　　　　　　　　　　　　（b）桶形畸变

图 2-4-1　相机径向畸变

知识点 2.4.2　　**相机标定**

相机标定的主要目的是确定相机的内部参数（如焦距、图像中心点等）和外部参数（如旋转矩阵、平移向量），以便在图像坐标与真实世界坐标之间建立准确的映射关系。标定的结果直接影响相机工作结果的准确性，因此在计算机视觉和机器人领域中，相机标定是一个必不可少的步骤。

相机标定的方法有多种，包括特征点标定法、线性标定法和距离标定法等。其中，特征点标定法中的棋盘格标定法是最常用的一种，通过预先绘制好的棋盘格来测量标定点的位置和重要的尺寸参数，以及它们的空间关系。

相机标定的步骤通常包括收集标定图像、提取角点、计算相机内部参数及计算相机外部参数等。在这些步骤中，提取角点是关键步骤，而角点的提取通常使用 Harris 角点算法和 Shi-Tomasi 角点算法等。

相机标定的重要性在于它能够提高图像处理和计算机视觉算法的准确性，并广泛应用于三维重建、视觉测量、目标跟踪和姿态估计等领域。通过已标定的相机，可以将多个图像中的特征点转换为三维空间中的点云数据，实现三维物体的重建；可以测量物体的尺寸、距离、角度等几何信息；可以提供准确的图像坐标，帮助跟踪算法更好地估计目标的位置和状态；还可以获取物体在图像中的姿态信息，如旋转角度、平移向量等。

工作手册

姓名：	学号：	班级：	日期：

认识相机标定工作手册

任务接收

表 2.4.1　任务分配

序号	角色	姓名	学号	分工
1	组长			
2	组员			
3	组员			
4	组员			
5	组员			

任务准备

表 2.4.2　工作方案设计

序号	工作内容	负责人
1		
2		
3		
4		

表 2.4.3　实训设备、工具与耗材清单

序号	名称	型号与规格	数量	备注
1				
2				
3				
4				
5				
6				
7				

领取人：　　　　归还人：

课堂
笔记

任务实施

（1）描述相机的参数及其含义。

表 2.4.4　任务实施 1

内容	描述
相机参数	
相机畸变	
负责人		验收签字	

（2）描述相机标定的目的与含义。

课堂
笔记

表 2.4.5　任务实施 2

内容	描述
相机标定的目的与含义	
负责人		验收签字	

任务拓展

说明相机标定的含义，进行一些尺寸测量任务之前为什么要进行相机标定？

课后作业

小组合作，用 PPT 展示以下内容：

（1）相机成像模型及该模型下相机的参数；

（2）相机标定的含义及现在最主要的标定方法的原理。

任务 2.5

认识机器学习

任务描述

机器学习是一门多领域交叉学科，涉及概率论、统计学、生物学、神经科学等多门学科。机器学习专门研究计算机怎样模拟或实现人类的学习行为，使计算机具有学习的能力。

本任务希望同学们了解目前的机器学习领域及其应用。

任务要求

本任务要求同学们对目前的机器学习领域进行一定的了解，了解机器学习领域的一些基础知识，了解其在视觉中的一些典型应用。

（1）认识并理解机器学习的原理与典型应用；

（2）认识并理解机器学习中的一些典型算法及算法的应用；

（3）认识支持向量机、聚类、卷积神经网络的原理。

任务准备

准备机器视觉系统应用实训平台和配套器件箱、工具箱、实训器材。可以在学习中查看相关器件，加深对知识的理解。

（1）以 4～6 人为一个小组；

（2）各小组准备 A3 白纸、勾线笔、12 色以上马克笔、直尺、橡皮擦若干；

（3）通过学习的知识，理解支持向量机、聚类、卷积神经网络等知识，并完成后续任务。

任务实施

任务实施步骤如下：

（1）参考"知识链接"学习支持向量机的原理与应用场景；

（2）参考"知识链接"学习聚类的原理与应用场景；

（3）参考"知识链接"学习卷积神经网络的原理与应用场景。

任务评价

任务评价如表 2-5-1 所示。

表 2-5-1 任务评价

基本信息	认识机器学习任务					
	班级		学号		分组	
	姓名		时间		总分	
项目内容	评价内容		分值	自评	小组互评	教师评价
任务考核（60%）	描述支持向量机的原理与应用场景		30			
	描述聚类的原理与应用场景		30			
	描述卷积神经网络的原理与应用场景		40			
	任务考核总分		100			
素养考核（40%）	操作安全、规范		20			
	遵守劳动纪律		20			
	分享、沟通、分工、协作、互助		20			
	资料查阅、文档编写		20			
	精益求精、追求卓越		20			
	素养考核总分		100			

任务拓展

举例介绍自己熟悉的机器学习算法，并介绍其应用。

知识链接

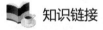

知识点 2.5.1　支持向量机

支持向量机是一类按监督学习方式对数据进行二元分类的广义线性分类器，其决策边界是对学习样本求解的最大边距超平面。支持向量机分类示例如图 2-5-1 所示。

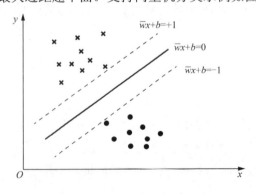

图 2-5-1　支持向量机分类示例

支持向量机使用铰链损失函数计算经验风险并在求解系统中加入正则化项以优化结构风险，是一个具有稀疏性和稳健性的分类器。支持向量机可以通过核函数的方法进行非线性分类。低维空间内线性不可分时，可以通过高维空间实现线性可分。通过核函数的方法，可以将高维空间内的点积运算巧妙转换为低维输入空间内核函数的运算，从而有效解决这一问题。支持向量机非线性分类示例如图 2-5-2 所示。

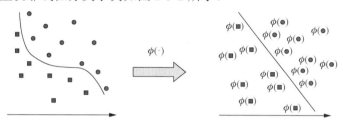

图 2-5-2　支持向量机非线性分类示例

知识点 2.5.2　聚类

将物理或抽象对象的集合分成由类似的对象组成的多个类的过程称为聚类。由聚类所生成的簇是一组数据对象的集合，这些对象与同一个簇中的对象彼此相似，与其他簇中的对象相异。"物以类聚，人以群分"，在自然科学和社会科学中，存在着大量的分类问题。聚类分析又称群分析，它是研究（样品或指标）分类问题的一种统计分析方法。聚类分析起源于分类学，但是聚类不等于分类。聚类与分类的不同之处在于，聚类所要求划分的类是未知的。聚类分析内容非常丰富，有系统聚类法、有序样品聚类法、动态聚类法、模糊聚类法、图论聚类法等。

K 均值（K-Means）聚类算法可以说是知名度最高的一种聚类算法。其过程可以分为以下几个步骤：

首先，确定好几个聚类，并为它们随机初始化一个各自的聚类质心点，它在图中被表示为"X"。要确定聚类的数量，可以先快速看一看已有的数据点，并从中分辨出一些独特的数据。

其次，通过计算每个数据点到质心的距离来进行分类，数据点与哪个聚类的质心更近，就被分类到哪个聚类。

需要注意的是，初始质心并不是真正的质心，质心应满足聚类中的每个点到它的欧几里得距离平方和最小这个条件。因此，需根据这些被初步分类完毕的数据点，再重新计算每一聚类中所有向量的平均值，并确定出新的质心。

最后，重复上述步骤，进行一定次数的迭代，直到质心的位置不再发生太大变化。当然也可以在第一步时多初始化几次，然后选取一个看起来更合理的点以节约时间。

聚类示例如图 2-5-3 所示。

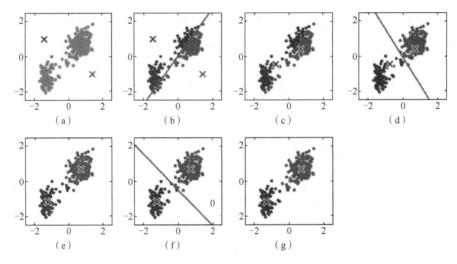

图 2-5-3　聚类示例

知识点 2.5.3　　**卷积神经网络**

卷积神经网络是一类包含卷积计算且具有深度结构的前馈神经网络，是深度学习的代表算法之一。卷积神经网络具有表征学习能力，能够按其阶层结构对输入信息进行平移不变分类，因此也被称为"平移不变人工神经网络"。

卷积神经网络仿造生物的视知觉机制构建，可以进行监督学习和非监督学习，其隐含层内的卷积核参数共享和层间连接的稀疏性，使得卷积神经网络能够以较小的计算量对格点化特征（如像素和音频）进行学习，有稳定的效果且对数据没有额外的特征工程要求。

卷积神经网络示例如图 2-5-4 所示。其中包含了几个主要结构，如卷积层（convolutions）和池化层（subsampling）。

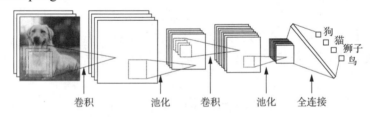

图 2-5-4　卷积神经网络示例

1．卷积层

卷积层的主要作用：特征提取。卷积层内部包含多个卷积核，组成卷积核的每个元素都对应一个权重系数和一个偏差量。卷积核所覆盖的区域称为"感受野"。

这里需要说明的是，在卷积神经网络中，卷积层的实现方式实际上是数学中定义的互相关运算，使用互相关运算作为卷积的定义，如图 2-5-5 所示，与数学分析中的卷积定义有所不同。

图 2-5-5　卷积运算

2．池化层

作用：降维（大幅降低参数量级）——特征选择和信息过滤。

池化层也称汇聚层、子采样层，其主要作用是进行特征选择，降低特征数量，从而减少参数数量。池化相当于在空间范围内做了维度约减，分别作用于每个输入的特征并减小其大小。

池化层包含预设定的池化函数，其功能是将特征图中单个点的结果替换为其相邻区域的特征图统计量。使用某一位置的相邻输出的总体统计特征代替网络在该位置的输出，其好处是当输入数据做出少量平移时，经过池化函数后的大多数输出仍能保持不变。

池化运算如图 2-5-6 所示。

（a）平均池化　　　　　　　　（b）最大池化

图 2-5-6　池化运算

📖 工作手册

姓名：	学号：	班级：	日期：	
		认识机器学习工作手册		

任务接收

表 2.5.1　任务分配

序号	角色	姓名	学号	分工	
1	组长				课堂笔记
2	组员				
3	组员				
4	组员				
5	组员				

任务准备

表 2.5.2　工作方案设计

序号	工作内容	负责人
1		
2		
3		
4		

表 2.5.3　实训设备、工具与耗材清单

序号	名称	型号与规格	数量	备注
1				
2				
3				
4				
5				
6				
7				

领取人：　　　　归还人：

任务实施

（1）认识支持向量机。

表 2.5.4　任务实施 1

内容	描述
支持向量机的应用场景	
支持向量机的原理	
负责人	验收签字

（2）认识聚类。

表 2.5.5　任务实施 2

内容	描述
聚类的应用场景	
聚类的原理	
负责人		验收签字	

（3）认识卷积神经网络。

表 2.5.6　任务实施 3

内容	描述
卷积神经网络的应用场景	
卷积神经网络的原理	
负责人		验收签字	

任务拓展

举例介绍自己熟悉的机器学习算法，并介绍其应用。

课后作业

小组合作，用 PPT 展示以下内容：

（1）机器学习的含义；

（2）列举机器学习的主要算法，并说明其应用；

（3）机器学习在视觉检测中的应用领域及应用方法。

3

项目

七巧板识别及拼图

>>>>

◎ **项目导入**

　　七巧板在生活中是很常见的益智类玩具，通过孩子的想象可以将七巧板拼成不同的形状，孩子在娱乐玩耍的同时，还可强化动手能力和智力。既然我们学习了机器视觉，那么就使用机器视觉方面的知识来实现七巧板的识别及拼图，教会机器如何进行七巧板的拼图吧。

◎ **学习目标**

知识目标

1. 掌握彩色相机的成像原理；
2. 掌握机器视觉识别定位的功能。

能力目标

1. 能通过颜色提取工具实现图像中不同颜色目标的识别；
2. 能对相机、镜头、光源等进行正确接线。

素质目标

1. 培养一丝不苟的工作态度和善于分析问题、解决问题的能力；
2. 树立质量意识、效率意识，精益求精，讲求实效。

任务 3.1

识别七巧板并进行拼图

 任务描述

识别七巧板每个小板的形状、位置及颜色，并记载形状、位置及颜色信息，将随机摆放的七巧板拼成正方形，如图 3-1-1 所示。

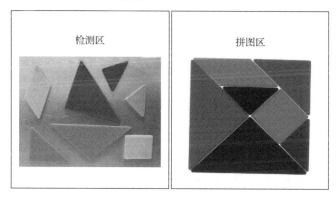

图 3-1-1　识别七巧板并进行拼图

任务要求

本任务为识别七巧板并进行拼图。七巧板及料盘数量 1 套，规格为彩色，大小为 83mm×83mm；平台料盘分为两个区域，分别为检测区和拼图区，料盘总尺寸长 260mm，宽 220mm，视野

微课：七巧板拼图实训任务分析

大小要求为 195mm×135mm（视野范围允许有一定正向偏差，最大不得超过 20mm），工作距离要求为 370mm（工作距离允许有一定正向偏差，最大不得超过 25mm），必须采用彩色相机，监测区必须在光源范围内。要求：

（1）掌握彩色相机的成像原理；

（2）掌握本项目需要实现的识别任务；

（3）熟悉整个机器视觉设备，了解各个部件的原理及功能。

任务准备

准备机器视觉系统应用实训平台和配套器件箱、工具箱、实训器材。

🔧 任务实施

本任务主要是识别七巧板并进行拼图；认识机器视觉实训平台，掌握其基本的操作方法、设备上电方法、各部件的点位等；了解工具箱、器件箱中的设备，以及可供使用的相机、镜头不同型号之间的区别。

任务实施步骤如下：

（1）了解识别任务，结合颜色识别、形态学处理等视觉知识提取出需要识别的七巧板；

（2）了解定位任务，结合形状匹配等视觉知识定位七巧板；

（3）描述整体拼图任务，需要将随机摆放的七巧板进行拼图，智能拼图如图 3-1-1 所示。

💻 任务评价

任务评价如表 3-1-1 所示。

表 3-1-1　任务评价

基本信息	识别七巧板并进行拼图任务					
	班级		学号		分组	
	姓名		时间		总分	
项目内容	评价内容		分值	自评	小组互评	教师评价
任务考核（60%）	描述七巧板识别及拼图任务中运用的视觉知识		15			
	描述七巧板识别及拼图的任务内容		25			
	描述七巧板识别及拼图中视觉系统的组成和工作原理、工作流程		30			
	检查硬件运行前的安全性		30			
	任务考核总分		100			
素养考核（40%）	操作安全、规范		20			
	遵守劳动纪律		20			
	分享、沟通、分工、协作、互助		20			
	资料查阅、文档编写		20			
	精益求精、追求卓越		20			
	素养考核总分		100			

📖 任务拓展

列举日常生活中遇到的通过颜色识别物体的例子，并思考如何通过机器视觉技术进行识别及定位。

知识链接

人的眼球底部分布着丰富的视网膜神经，这些神经细胞分为两种：一种是视杆细胞，一种是视锥细胞。视杆细胞只能感应光的强弱，而视锥细胞主要感应光的颜色，对光的强弱不敏感。视锥细胞分为三种，各自吸收不同波段的光，分别是蓝-紫色、绿色、红-黄色。也就是说，人的肉眼感光主要分为三条通道：蓝色通道 B、绿色通道 G 及红色通道 R。彩色相机成像原理如图 3-1-2 所示。

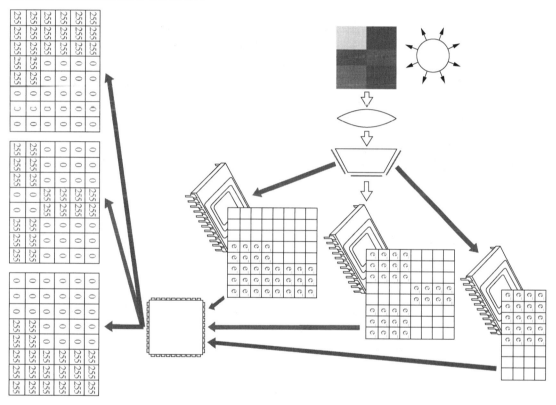

图 3-1-2　彩色相机成像原理

基于分光结构的彩色工业相机成本较高，分辨率有限，目前只在印刷行业等色彩检测要求较高的场景中有应用。

1974 年出现了一种 Bayer 阵列方案，如图 3-1-3 所示。在这种方案中，传感器的像素前方设置了一层彩色滤光片阵列（color filter array，CFA），每个像素只感应滤光片允许通过的光波段，每个像素可以输出 RGB 三通道中一个通道的值。为了解决每个像素缺失另外两个通道值的问题，对邻近像素进行插值计算，从而得到 RGB 三通道的完整数据。采用 Bayer 阵列的彩色 CCD/CMOS 传感器采集的颜色信息是通过插值得到的，严格意义上来说是不精确的，采集到的图像边缘的对比度会比黑白相机差。

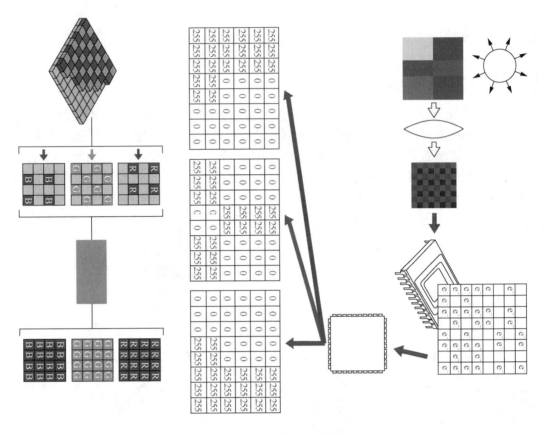

图 3-1-3　Bayer 阵列成像原理

📝 **工作手册**

姓名：	学号：	班级：	日期：

识别七巧板并进行拼图工作手册

任务接收

表 3.1.1　任务分配

序号	角色	姓名	学号	分工	课堂笔记
1	组长				
2	组员				
3	组员				
4	组员				
5	组员				

任务准备

表 3.1.2　工作方案设计

序号	工作内容	负责人
1		
2		
3		
4		

表 3.1.3　实训设备、工具与耗材清单

序号	名称	型号与规格	数量	备注
1				
2				
3				
4				
5				
6				
7				
领取人：	归还人：			

任务实施

（1）描述七巧板识别及拼图任务中运用的视觉知识。

表 3.1.4　任务实施 1

内容	描述
七巧板识别及拼图任务中运用的视觉知识	
负责人		验收签字	

（2）描述七巧板识别及拼图的任务内容。

表 3.1.5　任务实施 2

内容	描述
七巧板识别及拼图的任务内容	
负责人		验收签字	

课堂
笔记

（3）描述七巧板识别及拼图中视觉系统的组成和工作原理、工作流程。

表 3.1.6 任务实施 3

内容	描述
七巧板识别及拼图中视觉系统的组成和工作原理	
七巧板识别及拼图中视觉系统的工作流程	
负责人	验收签字

（4）检查硬件运行前的安全性。

连接硬件电路，检测各电路的正确性，确保无误后通电使用。

表 3.1.7 任务实施 4

硬件运行前的安全检查			
检查内容（正常打"√"，不正常打"×"）			
检查模块	工具部件无遗留、无杂物	硬件安装牢固	吸盘工作正常	设备各部件正常，无损坏、短路、发热等不良现象
工作平台				
配电箱				
负责人		验收签字		

任务拓展

列举日常生活中遇到的通过颜色识别物体的例子，并思考如何通过机器视觉技术进行识别及定位。

课后作业

小组合作，用 PPT 展示以下内容：

（1）彩色相机的成像原理；

（2）如何通过颜色识别七巧板；

（3）七巧板识别及拼图的步骤；

（4）一个简单的系统组装、加电、手动操作过程。

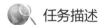七巧板识别及拼图之设备选型与组装

任务描述

本任务要求进行七巧板识别及拼图的设备选型，并进行设备组装。选型主要包括相机、镜头、光源等的选型；组装主要是将选型的设备进行安装、接线，确保加电正常，保证后续任务的顺利进行。

任务要求

（1）了解相机、镜头选型的基本原理；
（2）掌握颜色识别的基本原理；
（3）掌握相机、镜头、光源等的正确接线方法。

任务准备

准备机器视觉系统应用实训平台和配套器件箱、工具箱、实训器材。

任务实施

本任务主要是完成相机、镜头、光源的选型及安装，具体步骤如下。

1．相机的选型

在前面的学习中，我们知道，工业相机有很多参数，现在要求识别七巧板颜色，要满足上述识别要求，考虑测量误差、安装误差等，选择分辨率为2592像素×1944像素的彩色2D相机。相机的相关参数如表3-2-1所示。

表3-2-1 相机的相关参数

类别	编号	分辨率	帧率/（帧/s）	曝光模式	颜色	芯片大小	接口
2D相机	相机A	1280像素×960像素	200	全局	黑白	1/2.7	USB 3.0
2D相机	相机B	2448像素×2048像素	20	全局	黑白	2/3	GigE
2D相机	相机C	2592像素×1944像素	20	滚动	彩色	1/2.5	GigE
3D相机	3D相机	1920像素×1080像素×2像素	10	滚动	—	2/3	USB 3.0

因此，要满足上述测量及精度要求，在提供的设备中选择相机C。

2．工业镜头相关计算与选型

1）像长的计算

根据相机的选型，彩色 2D 相机的像素尺寸为 2.2μm，分辨率为 2592 像素×1944 像素，因此根据像长计算公式，有

$$像长 L（mm）=像素尺寸（μm）×像素（长、宽）$$

2）焦距的计算

在选择镜头搭建一套成像系统时，需要重点考虑像长 L、成像物体的长度 H、镜头焦距 f 及物体至镜头的距离 D 之间的关系。已经知道，相机内部芯片的像长 L 的长和宽分别为 5.7mm、4.28mm。物像之间简化版的关系为

$$\frac{L}{H}=\frac{f}{D}$$

根据项目的要求，机械零件平面尺寸综合测量与组装的工作距离为 370～395mm，单个视野的长宽约为 195mm×135mm（允许正向偏差不超过 20mm），取工作距离的最大值 395mm 为机械零件至镜头的距离 D，195mm、135mm 为成像物体的长度 H，因此在焦距的计算中需要分别对长和宽进行计算。

3）工业镜头的选型

根据焦距计算公式，可以计算得出长边焦距 $f_1 =11.54mm$，短边焦距 $f_2 =12.52mm$，并考虑到实际误差、工业镜头±5%的焦距微调区间，故选择的镜头焦距 f 应大于 11.54mm，根据设备所提供的三种镜头，选择焦距为 12mm 的镜头。工业镜头的相关参数如表 3-2-2 所示。

表 3-2-2　工业镜头的相关参数

类别	编号	焦距/倍率	最大光圈	工作距离	支持芯片大小
工业镜头	12mm 镜头	12mm	F2.0	>100mm	2/3″
工业镜头	25mm 镜头	25mm	F2.0	>200mm	2/3″
工业镜头	35mm 镜头	35mm	F2.0	>200mm	2/3″
远心镜头	远心镜头	0.3X	F5.4	110m	2/3″

3．光源选型

光源如表 3-2-3 所示。根据任务要求，需检测并识别七巧板每个板块的形状、位置及颜色，为使颜色识别的准确度、定位测量的精度提升到最高，外界环境对图像的影响降至最低，应选择安装平行背光源和小号环形三色上光源，提供上下垂直的光照，使拍摄的图像更加清晰、精度更高。

表 3-2-3　光源

类别	编号	主要参数	颜色
环形光源	小号环形光源	直射环形，发光面外径 80mm，内径 40mm	RGB
环形光源	中号环形光源	45°环形，发光面外径 120mm，内径 80mm	G
环形光源	大号环形光源	低角度环形，发光面外径 155mm，内径 120mm	B
同轴光源	同轴光源	发光面积 60mm×60mm	RGB
背光源	背光源	发光面积 169mm×145mm	W

4．设备组装

将相机快换板连接到相机上，将小号环形光源安装到镜头上，将固定板连接到相机快换板上，拧动旋钮固定相机，将电源线与网线连接到相机，使用扎带绑紧。背光板连接CH1，建议光源线连接红、绿、蓝到 CH2、CH3、CH4，这样在软件中调节时，更清楚在哪个通道。将电源线、网线和光源线放置到坦克链中。完成对设备硬件的选型与组装。

5．组装完成后的设备调试

1）光源参数设置

依次连接平行背光源及三色上光源通道，在计算机上打开 MV Viewer 软件，同时设置光源通道的"端口号"为"COM5"，"数据格式"为"ASCII"，"波特率"为"9600"，"极性"为"None"（无奇偶校验位），"数据位"为"8"，"停止位"为"One"，如图 3-2-1所示。

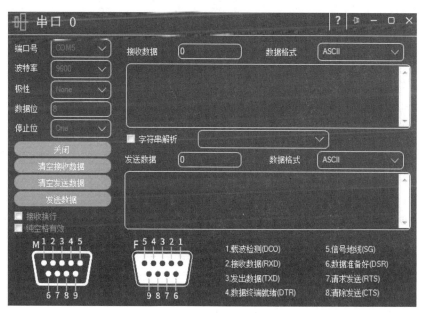

图 3-2-1 光源参数设置

2）彩色 2D 相机参数设置

设置彩色 2D 相机 IP 地址为 169.254.11.52，同时分别连接相机网线和彩色 2D 相机电源线至以太网网口和 12V 直流电源上。

3）PLC 参数设置

依次设置欧姆龙 PLC 的"端口号"为"COM8"，"数据格式"为"Hex"，"波特率"为"9600"，"极性"为"Even"（奇偶校验为偶校验），"数据位"为"8"，"停止位"为"One"，如图 3-2-2 所示。

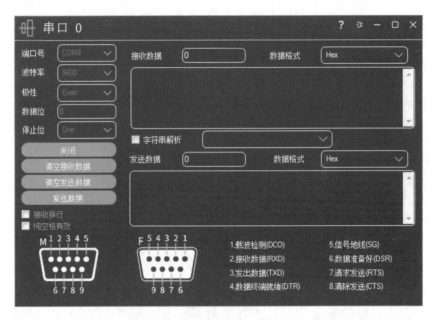

图 3-2-2　欧姆龙 PLC 参数设置

任务评价

任务评价如表 3-2-4 所示。

表 3-2-4　任务评价

基本信息	七巧板识别及拼图之设备选型与组装任务					
	班级		学号		分组	
	姓名		时间		总分	
项目内容	评价内容		分值	自评	小组互评	教师评价
任务考核 （60%）	设备选型		25			
	硬件准备		25			
	描述硬件组装内容		25			
	检查硬件运行前的安全性		25			
	任务考核总分		100			
素养考核 （40%）	操作安全、规范		20			
	遵守劳动纪律		20			
	分享、沟通、分工、协作、互助		20			
	资料查阅、文档编写		20			
	精益求精、追求卓越		20			
	素养考核总分		100			

任务拓展

请说明相机的成像过程，并叙述一幅图像的组成。

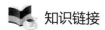

知识链接

知识点 3.2.1　　通道分离

　　每一张彩色图片都可以由 R、G、B 三个通道组成，R、G、B 即代表红、绿、蓝三个通道的颜色，这个标准几乎包括了人类视力所能感知的所有颜色，是目前运用较广的颜色系统之一。红 R、绿 G、蓝 B 三种颜色的强度值均是 0～255，三种光混合在每个像素可以组成 16777216（256×256×256）种不同的颜色。256 级的 RGB 色彩也被简称为 1600 万色或千万色，或称为 24 位色（2 的 24 次方）。

　　在 RGB 彩色图像中，图像由三个图像分量组成，每一个分量图像都是其原色图像，当送入 RGB 监视器时，这三幅图像在荧光屏上混合产生一幅合成的彩色图像。目前广泛采用的彩色信息表达方式都是在三基色按比例混合的配色方程基础上得到的，配色方程为

$$C = aR + bG + cB \tag{3-2-1}$$

式中，C 为任意一种彩色光；a、b、c 为三基色 R、G、B 的权值。根据式（3-2-1），一幅彩色 T 图像中的每一个像素都可以用三维色空间 (R,G,B) 中的一个矢量 $[a,b,c]$ 来表示。R、G、B 的比例关系确定了所配彩色光的色度（色调和饱和度），其数值确定了所配彩色光的光通量，aR、bG、cB 分别代表彩色 C 中三基色的光通量成分，又称为彩色分量。

　　当观察一个彩色物体时，往往用色调、色饱和度和亮度来描述它。根据肉眼的色彩视觉三要素及 HIS 中的色调（hue）、饱和度（saturation）和亮度（intensity）提出 HIS 彩色模型。

　　在一幅给定的 RGB 彩色格式的图像中，根据每一个 RGB 像素可以得到 H 分量，有

$$H = \begin{cases} \theta, & B \leqslant G \\ 360 - \theta, & B \geqslant G \end{cases} \tag{3-2-2}$$

式中，

$$\theta = \arccos \left\{ \frac{\frac{1}{2}[(R-G) + (R-B)]}{\left[(R-G)^2 + (R-G)(R-B) \right]^{\frac{1}{2}}} \right\} \tag{3-2-3}$$

色饱和度分量为

$$S = 1 - \frac{3}{R+G+B} [\min(R,G,B)] \tag{3-2-4}$$

强度分量为

$$I = \frac{1}{3}(R+G+B) \tag{3-2-5}$$

　　假定 RGB 值归一化为 [0,1] 范围内，则得到的其他两个 HIS 分量一定在 [0,1] 范围内。

知识点 3.2.2   图像分割

1. 图像分割的基本概念

图像分割的定义：图像分割是按照一定的规则把图像划分成若干个互不相交、具有一定性质的区域，把人们关注的部分从图像中提取出来，进一步加以研究分析和处理。图像分割的结果是图像特征提取和识别等图像理解的基础，对图像分割的研究一直是数字图像处理技术研究中的热点和焦点。图像分割使得其后的图像分析、识别等高级处理阶段所要处理的数据量大大减少，同时又保留有关图像的结构特征信息。图像分割在不同的领域也有其他名称，如目标轮廓技术、目标监测技术、阈值化技术、目标跟踪技术等，这些技术本身或其核心实际上就是图像分割技术。

图像分割的目的：把图像空间分成一些有意义的区域，与图像中各种物体目标相对应。通过对分割结果的描述，可以理解图像中包含的信息。图像分割的分类依据：图像分割是将像素分类的过程，分类的依据可建立在像素间的相似性、非连续性上。

2. 基于边缘的图像分割方法

边缘总是以强度突变的形式出现，可以定义为图像局部特性的不连续性，如灰度的突变、纹理结构的突变等。边缘常常意味着一个区域的终结和另一个区域的开始。对于边缘的检测常常借助空间微分算子进行，通过将其模板与图像卷积完成。两个具有不同灰度值的相邻区域之间总存在灰度边缘，而这正是灰度值不连续的结果，这种不连续可以利用求一阶和二阶导数检测到。当今的边缘检测方法主要有一阶微分操作、二阶微分操作等。这些边缘检测对边缘灰度值过渡比较尖锐且噪声较小等不太复杂的图像可以取得较好的效果，但对于边缘复杂的图像效果不太理想，如边缘模糊、边缘丢失、边缘不连续等。噪声的存在使基于导数的边缘检测方法效果明显降低，在噪声较大的情况下所用的边缘检测算子通常是先对图像进行适当的平滑、抑制噪声，然后求导数，或者对图像进行局部拟合，再用拟合光滑函数的导数来代替直接的数值导数，如 Canny 算子等。在未来的研究中，用于提取初始边缘点的自适应阈值选取、用于图像层次分割的更大区域的选取及如何确认重要边缘以去除假边缘将变得非常重要。

3. 阈值分割方法

阈值分割是常见的直接对图像进行分割的算法，根据图像像素的灰度值的不同而定。对应单一目标图像，只需选取一个阈值即可将图像分为目标和背景两大类的，称为单阈值分割 [图 3-2-3（a）]；如果目标图像复杂，选取多个阈值才能将图像中的目标区域和背景分割成多个，则称为多阈值分割 [图 3-2-3（b）]，此时还需要区分检测结果中的图像目标，对各个图像目标区域进行唯一的标识进行区分。阈值分割的显著优点是成本低廉，实现简单。当目标和背景区域的像素灰度值或其他特征存在明显差异时，该算法能非常有效地实现对图像的分割。阈值分割方法的关键是如何取得一个合适的阈值，近年来的方法有：用最大相关性原则选择阈值的方法、基于图像拓扑稳定状态的方法、灰度共生矩阵方法、最大熵法和峰谷值分析法等。更多情况下，阈值的选择会综合运用两种或两种以上的方法，这也是图像分割发展的一个趋势。

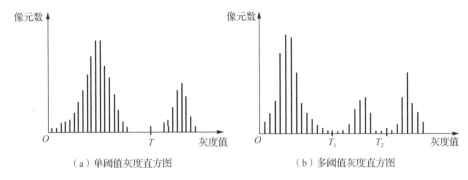

（a）单阈值灰度直方图　　　　　　　（b）多阈值灰度直方图

图 3-2-3　单阈值与多阈值灰度直方图

阈值分割方法是一种较传统的图像分割算法。该算法以感兴趣的目标区域与背景之间的灰度值存在差异，同时区域内具有均匀的灰度值为基础，通过设置一个或多个阈值将图像分割成多个区域。

阈值分割方法主要包括选取阈值和做比较两个步骤，它通过比较图像中每个像素的灰度值与阈值来确定像素所属的区域。因而，阈值的选取是该算法的关键。根据阈值的确定方式不同可将该算法分为两类：全局阈值分割和局部阈值分割。全局阈值分割方法是通过直方图选取一个最利于分割目标边缘的阈值来对图像中的像素进行分类。常见的全局阈值分割有双峰法、Otsu、最小误差法等；局部阈值分割方法则是先将整幅图像域分解成若干个小区域，在每一个小区域内部选取适合本区域的阈值对其进行分割，再将小区域合并。常见的局部阈值分割包括 Niblaek 方法和 Bernsen 方法等。

阈值选取依据：

（1）仅取决于图像灰度值，仅与各个图像像素本身性质相关的阈值选取——全局阈值。

（2）取决于图像灰度值和该点域的某种局部特性，即与局部区域特性相关的阈值选取——局部阈值。

（3）除取决于图像灰度值和该点领域的某种局部特性外，还取决于空间坐标，即得到的阈值与坐标相关——动态阈值或自适应阈值。

4．全局阈值

原理：假定物体和背景分别处于不同灰度级，图像被零均值高斯噪声污染，图像的灰度分布曲线近似用两个正态分布概率密度函数分别代表目标和背景的直方图，利用这两个函数的合成曲线拟合整体图像的直方图，图像的直方图将会出现两个分离的峰值，如图 3-2-4 所示，然后依据最小误差理论针对直方图的两个峰间的波谷所对应的灰度值求出分割的阈值。

该方法适用于具有良好双峰性质的图像，但需要用到数值逼近等计算，算法十分复杂，而且多数图像的直方图是离散、不规则的。

在实际阈值分割过程中，往往需要能够自动获取阈值，下面的算法可以自动获得全局阈值：

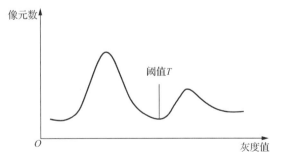

图 3-2-4　双峰直方图

（1）选取一个初始估计值 T。

（2）用 T 分割图像，这样便会生成两组像素集合：G1 由所有灰度值大于 T 的像素组成，而 G2 由所有灰度值小于或等于 T 的像素组成。

（3）对 G1 和 G2 中所有像素计算平均灰度值 u_1 和 u_2。

（4）计算新的阈值：

$$T = (u_1 + u_2) / 2 \qquad\qquad (3\text{-}2\text{-}6)$$

重复步骤（2）～（4），直到得到的 T 值之差小于一个事先定义的阈值。

5. 区域分割方法

区域生长法和分裂合并法是基于区域信息的图像分割的主要方法。区域生长有两种方式，一种是先将图像分割成很多的一致性较强的小区域，再按一定的规则将小区域融合成大区域，达到分割图像的目的；另一种是先给定图像中要分割目标的一个种子区域，再在种子区域基础上将周围的像素点以一定的规则加入其中，最终达到目标与背景分离的目的。分裂合并法对图像的分割是按区域生长法沿相反方向进行的，无须设置种子点。其基本思想是给定相似测度和同质测度。从整幅图像开始，如果区域不满足同质测度，则分裂成任意大小的不重叠子区域；如果两个领域的子区域满足相似测度，则合并。

区域生长是区域分割最基本的方法。所谓区域生长就是一种根据事先定义的准则将像素或者子区域聚合成更大区域的过程。

📝 工作手册

姓名：	学号：	班级：	日期：

七巧板识别及拼图之设备选型与组装工作手册

任务接收

表 3.2.1　任务分配

序号	角色	姓名	学号	分工
1	组长			
2	组员			
3	组员			
4	组员			
5	组员			

任务准备

表 3.2.2　工作方案设计

序号	工作内容	负责人
1		
2		
3		
4		

课堂
笔记

表 3.2.3　实训设备、工具与耗材清单

序号	名称	型号与规格	数量	备注
1				
2				
3				
4				
5				
领取人：　　　　归还人：				

任务实施

（1）设备选型，并准备相机、镜头、光源和线缆等硬件。

表 3.2.4　任务实施 1

设备安装前的准备	
相机准备	
镜头准备	
光源准备	
线缆准备	
负责人	验收签字

（2）描述硬件组装过程。

表 3.2.5　任务实施 2

内容	描述
硬件组装过程	
负责人	验收签字

（3）检查硬件运行前的安全性。

进行所有操作之前必须检查设备的安全性，确保接线牢固无误，不会发生短路、漏电等危险。

任务拓展

请说明相机的成像过程，并叙述一幅图像的组成。

课后作业

小组合作，用 PPT 展示以下内容：

（1）硬件设备的选型过程；

（2）硬件设备的组装过程；

（3）设备组装完成后加电，在 MV Viewer 软件中显示图像。

课堂
笔记

任务 3.3

七巧板识别及拼图之脚本编写

任务描述

在了解机器视觉设备的原理、选型、硬件组装的基础上，进行软件操作，并完成七巧板识别及拼图任务。

任务要求

要求同学们在组装、调试硬件的基础上，在 KImage 软件中进行脚本的编写，并完成七巧板识别及拼图任务。通过对实训平台的操作，在软件中调用相应的脚本命令，实现识别七巧板每个小板的形状、位置及颜色，并记录这些信息，将随机摆放的七巧板拼成正方形。

任务准备

在前面已经完成设备的组装、调试的基础上，在现场的计算机上编写脚本，实现任务 3.1 中描述的识别及拼图任务。

微课：七巧板拼图实训——
相机手眼标定

任务实施

本任务主要是进行实操，通过视觉编程实现对随机摆放的七巧板进行识别、定位及拼图，具体步骤如下：

（1）进行 N 点标定，获取图像坐标系与运动坐标系之间的手眼标定关系；

（2）使用颜色识别、形态学处理、图像处理等工具，提取出需要识别的七巧板；

（3）使用形状匹配等工具定位七巧板；

（4）使用拼图定位工具对七巧板的位置数据进行处理，并通过 PLC 控制工具进行智能拼图。

1. 手眼标定

引导吸嘴吸起七巧板拼图需要建立图像坐标系和吸嘴运动坐标系之间的手眼标定关系，一般两个坐标系之间存在着仿射变换关系，可以通过至少 3 组点来求解它们之间的仿射变换矩阵。考虑到精度和任务用时，本任务取 4 组点来进行标定。

1）配置标定流程

添加一个工具组并改名为标定，在工具组中添加一个相机工具、一个形状匹配工具、一个找圆工具、一个 N 点标定工具，如图 3-3-1 所示。

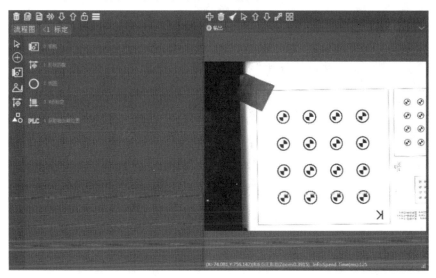

图 3-3-1 添加标定流程

2）设置定位参数

使用相机工具采集图像后，打开形状匹配工具参数界面，单击"注册图像"按钮，然后以图像上第一个标记物为特征创建目标，如图 3-3-2 所示。

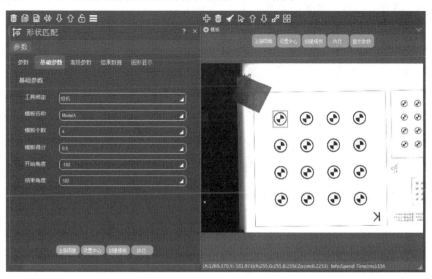

图 3-3-2 创建模板

将"基础参数"页面中的"搜索个数"设置为"4"，"高级参数"页面中的"搜索区域"设置为"启用"，并在输入图像中添加多个搜索矩形［图像上橙色矩形框（即图 3-3-3 中的 4 个小矩形框）为搜索区域，添加后总数为 4］，如图 3-3-3 所示。

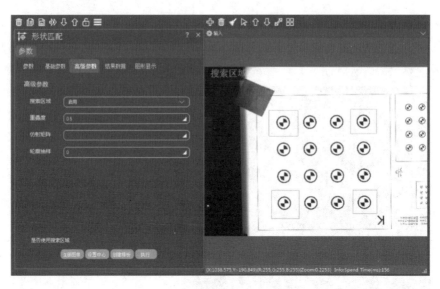

图 3-3-3　添加多个搜索区域

在找圆工具参数界面单击"注册图像"按钮，编辑检测圆 ROI（region of interest，感兴趣区），注意要与定位目标一致，均检测同一个标记物，如图 3-3-4 所示。

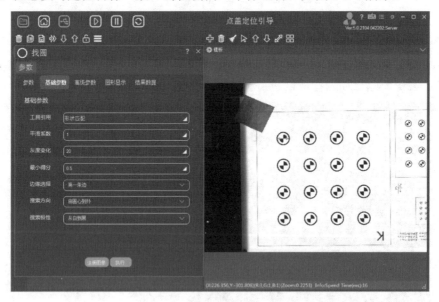

图 3-3-4　设置圆探测区域

3）4 个运动平台坐标系坐标

找到 4 个圆的圆心坐标，再移动 XY 轴、升降 Z 轴，使得吸嘴中心对准标定圆的 4 个中心，得到 4 个运动平台坐标系坐标。

4）设置 N 点标定参数

在"基础参数"页面中的"像素坐标"文本框中引用找圆的输出参数圆心坐标，然后单击"多点更新"按钮；再获取并输入 4 个点的世界坐标，如图 3-3-5 所示。

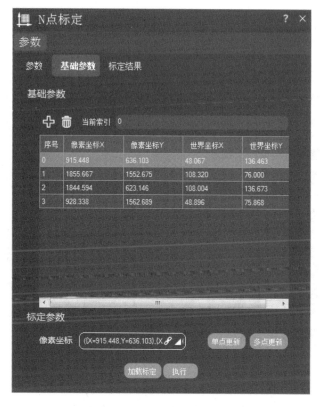

图 3-3-5　设置手眼标定参数

当前所有像素坐标和世界坐标都输入完毕并检查正确后，执行工具即可进行手眼标定，得到仿射矩阵。

2．搭建七巧板定位建模与拼图流程

1）正方形摆拼——蓝色块的识别及定位

要进行七巧板的摆拼，首先需对七巧板图像进行三通道值颜色提取，再依次对 7 块七巧板进行形状的匹配，以实现对不同颜色和形状七巧板的初步定位。由于七巧板色块的颜色提取、形状匹配的方法类似，故下面重点以蓝色块为例，对七巧板的识别及定位操作进行具体的讲解。

蓝色块的识别及定位流程如图 3-3-6 所示。

图 3-3-6　蓝色块的识别及定位流程

（1）蓝色颜色提取。向蓝色块识别及定位工具组中加入颜色提取工具，并将该工具命名为"蓝色提取"，在该工具中设置"颜色空间"为"rgb"，即红绿蓝三通道值颜色提取，设置"输出模式"为"二值图"，输入图像连接到拍照工具组中的"相机.输出参数.输出图片"，如图 3-3-7 所示。

微课：定位工具

图 3-3-7　蓝色颜色提取工具的设置

设置完成后，右侧的图片显示区域会显示出相机拍摄的原图片，同时在图片下方会显示红色 R、绿色 G、蓝色 B 的通道值，移动鼠标，RGB 通道值会根据鼠标指针指向颜色的变化而相应改变，如图 3-3-8 所示。

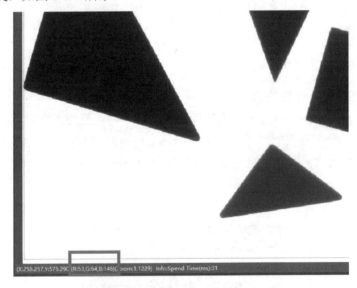

图 3-3-8　RGB 三通道值提取

移动鼠标，查询蓝色三角形物块的 RGB 值，并将 RGB 三通道值的变化范围对应填入蓝色颜色提取工具中的红色、绿色和蓝色的通道区间中。RGB 区间应包含蓝色三角形物块所有通道值的范围，用于排除其他的颜色。注意：不同的光照环境下，通道值的范围可能不同，在本任务的光照环境下设置的红色、绿色、蓝色通道范围分别为 0～30、0～40 和 40～120。范围设置完成后需单击"执行"按钮，再根据显示的二值图进行 RGB 范围的微调，直至输出的二值图中仅包含蓝色三角形绝大部分边缘轮廓，蓝色提取的 RGB 设置及输出，如图 3-3-9 所示。

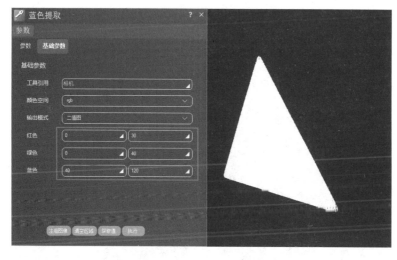

图 3-3-9 蓝色提取的 RGB 设置及输出

（2）图像处理工具。在上述颜色提取操作后输出的三角形轮廓并不完整，需添加图像处理工具对该二值图进行常规的图像处理，用于消除蓝色颜色提取工具输出的二值图像区域外的噪声小白点。

向蓝色块识别与定位工具组中添加一个图像处理工具，将该工具的输入图像连接至"蓝色提取.输出参数.输出图像"，"识别模式"设置为"闭运算"，如图 3-3-10 所示。

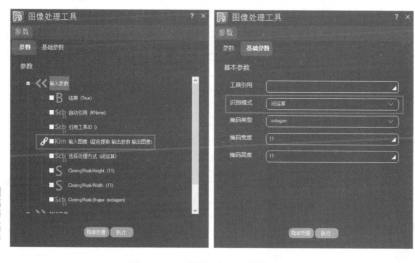

图 3-3-10 图像处理工具的设置

（3）形状匹配。图像处理完成后需利用形状匹配工具对蓝色三角形块进行识别及粗定位。

向蓝色块识别与定位工具组中添加一个形状匹配工具，并将该形状匹配的输入图像连接至"图像处理工具.输出参数.输出图像"，同时创建名称为"蓝色"的形状匹配模板，设置"模板个数"为"1"，"模板得分"调整至"0.3"，然后单击"注册图像"按钮，此时在右侧的图像显示区域会显示出图像处理后的图片，在图片中删除默认的矩形模板区域并单击"多边形"按钮添加一个三角形的模板区域，同时拖动该模板直至完整框住三角形块，如图 3-3-11 所示。

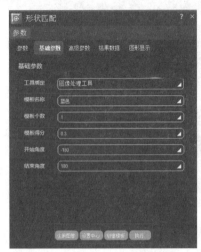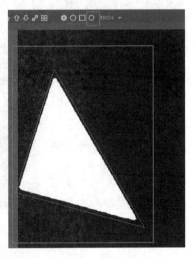

图 3-3-11　形状匹配的设置

然后依次单击"设置中心""创建模板""执行"按钮，形状匹配工具会自动定位到框选住的三角形中心，在设置中心操作中亦能对该中心点进行手动调整，如图 3-3-12 所示。

2）正方形摆拼——绿色块的识别及定位

绿色块的识别及定位中包含绿色和青色两个大小不同的三角形色块，其操作方法与蓝色块的识别及定位类似，也是先对图像进行颜色提取，然后对输出的二值图进行图像处理，最后分别对两个三角形色块进行形状匹配，最终实现绿色大三角形和青色小三角形的识别和定位的目的，如图 3-3-13 所示。

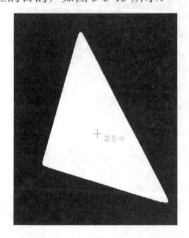

图 3-3-12　中心点的定位　　　　　　图 3-3-13　绿色块的识别及定位流程

（1）绿色、青色颜色提取。向绿色块识别及定位工具组中加入颜色提取工具，并将该工具命名为"绿色、青色颜色提取"，与蓝色颜色提取类似，需连接输入图像至"相机.输出参数.输出图片"，设置"输出模式"为"二值图"。由于绿色与青色颜色接近，可以将绿色大三角形和青色小三角形物块的三通道范围值一并提取，并对应填入颜色提取工具中的 RGB 的范围区间中，然后进行 RGB 区间的微调，直至二值图中仅包含一大一小两个三角形的绝大部分轮廓，如图 3-3-14 所示。

（2）图像处理工具。向绿色块识别及定位工具组中加入图像处理工具，并将图像处理工具的输入图像连接至"绿色、青色颜色提取.输出参数.输出图像"，"识别模式"设置为"闭运算"，用于消除绿色颜色提取的二值图像区域外的噪声小白点。

（3）绿色形状匹配。向绿色块识别及定位工具组中加入形状匹配工具，并将该工具命名为"绿色形状匹配"，将绿色形状匹配的输入图像连接至"图像处理工具.输出参数.输出图像"，创建名称为绿色的形状匹配模板，设置"模板个数"为"1"，"模板得分"调整至"0.3"，然后单击"注册图像"按钮并拖动该模板直至完整框住大三角形块，然后依次单击"设置中心""创建模板""执行"按钮，形状匹配工具会自动找到框选住的大三角形中心，即完成绿色大三角形的形状匹配，如图 3-3-15 所示。

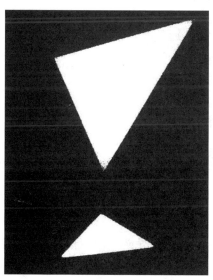

图 3-3-14　绿色、青色颜色提取

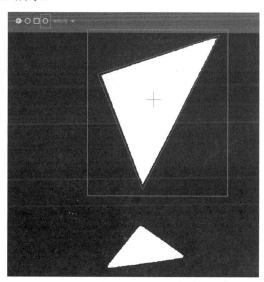

图 3-3-15　绿色形状匹配

（4）青色形状匹配。向绿色块识别及定位工具组中加入形状匹配工具，并将该工具命名为"青色形状匹配"，将青色形状匹配的输入图像也连接至"图像处理工具.输出参数.输出图像"，创建一个"模板得分"为"0.3"的青色形状匹配模板，同时注册图像为图片中的小三角形块，然后依次单击"设置中心""创建模板""执行"按钮，完成青色小三角形的形状匹配，如图 3-3-16 所示。

3）正方形摆拼——黄色块的识别及定位

黄色块的识别及定位中包含一大一小两个黄色三角形色块，其操作方法是先对图像进行黄色颜色提取，然后对输出的二值图进行图像处理，最后分别对两个三角形块进行形状匹配，最终实现黄色大三角形和黄色小三角形的识别和定位，如图 3-3-17 所示。

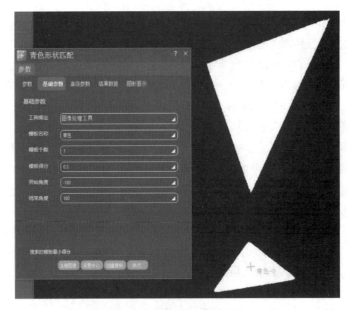

图 3-3-16   青色形状匹配

图 3-3-17   黄色块的识别及定位流程

4）正方形摆拼——红色块的识别及定位

红色块的识别及定位中包含一个红色正方形色块和一个红色平行四边形色块，其操作方法也是先对图像进行颜色提取，然后对输出的二值图进行图像处理，最后分别对两个色块进行形状匹配，最终实现红色正方形和红色平行四边形的识别和定位。红色块的识别及定位流程如图 3-3-18 所示。

5）正方形摆拼——拼图定位

拼图定位的作用是定位摆放好的图形的位置和角度，再针对当前位置和角度进行相应计算，最后对需要移动的距离、转动的角度等结果进行输出。由于拼图定位是正方形摆拼中最为核心的操作，其设置

微课：七巧板拼图实训——
拼图定位

也是最为烦琐的，故在正方形摆拼模块中单独添加一个拼图定位工具组，工具组中仅添加拼图定位一个工具。拼图定位流程如图 3-3-19 所示，下面将从变量添加、位置连接、角度连接、形态类型连接、基准位修改及目标形态设置 6 个步骤出发，具体介绍拼图定位工具的操作与配置方法。

图 3-3-18　红色块的识别及定位流程　　　　图 3-3-19　拼图定位流程

（1）变量添加。在拼图定位工具的输入参数中双击"位置""角度""形态类型"的文字处，分别为位置、角度、形态类型每种状态添加 7 个变量，即编号 0～6，这 7 个变量用于保存每块七巧板当前的位置、角度及形态等状态，如图 3-3-20 所示。

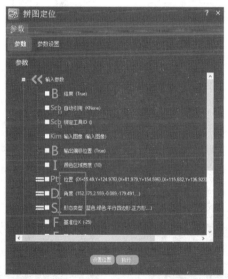

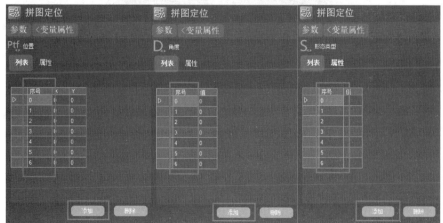

图 3-3-20　拼图定位变量的添加

（2）位置连接。变量添加完成后需依次连接"位置.0"～"位置.6"至变量赋值中"蓝色形状匹配的输出参数.检测点""绿色形状匹配的输出参数.检测点""平行四边形形状匹配的输出参数.检测点""正方形形状匹配的输出参数.检测点""大黄形状匹配的输出参数.检测点""小黄形状匹配的输出参数.检测点""青色形状匹配的输出参数.检测点"，用于设置拼图定位输入的初始位置。拼图定位"位置.0"的变量连接如图 3-3-21 所示。

（3）角度连接。位置连接完成后需依次连接"角度.0"～"角度.6"至变量赋值的"蓝色形状匹配的输出参数.目标角度""绿色形状匹配的输出参数.目标角度""平行四边形形状匹配的输出参数.目标角度""正方形形状匹配的输出参数.目标角度""大黄形状匹配的输出参数.目标角度""小黄形状匹配的输出参数.目标角度""青色形状匹配的输出参数.目标角度"，用于设置拼图定位输入的初始角度。拼图定位"角度.0"的变量连接如图 3-3-22 所示。

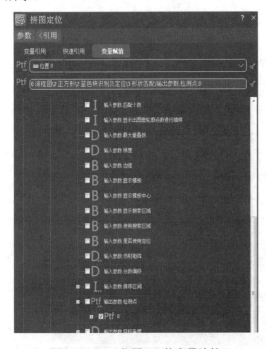

图 3-3-21　"位置.0"的变量连接

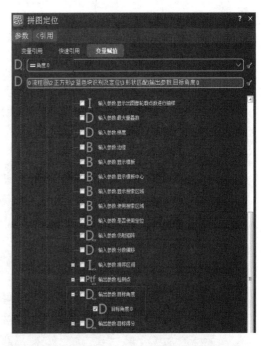

图 3-3-22　"角度.0"的变量连接

（4）形态类型连接。角度连接完成后需依次连接"形态类型.0"～"形态类型.6"至变量赋值的"蓝色形状匹配的输入参数.模板名称""绿色形状匹配的输入参数.模板名称""平行四边形形状匹配的输入参数.模板名称""正方形形状匹配的输入参数.模板名称""大黄形状匹配的输入参数.模板名称""小黄形状匹配的输入参数.模板名称""青色形状匹配的输入参数.模板名称"，用于设置拼图定位输入的形态类型。拼图定位"形态类型.0"的变量连接如图 3-3-23 所示。

（5）基准位修改。形态类型连接完成后，需修改拼图定位输入参数"基准位 X"的值为"-25"（修改基准位的目的是设置偏移），即设置摆放的目标位相对于设置的基准位向负方向移动 25mm。由于七巧板的摆拼空间略微大于相机的视野空间，因此偏移基准位的目的是设置合理的摆放目标位。拼图定位基准位的修改如图 3-3-24 所示。

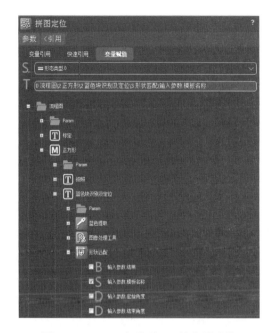

图 3-3-23　"形态类型.0"的变量连接

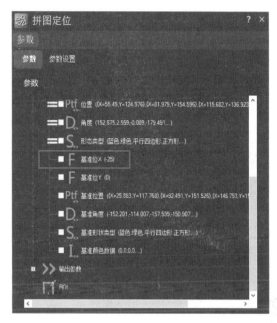

图 3-3-24　基准位的修改

（6）目标形态设置。基准位修改完成后，需在摆拼板上手动摆放需要拼成的正方形基准目标形态（注意：基准目标形态是偏移之前的位置和形态，且七巧板的摆放不要超出相机的视野范围，否则软件会无法识别），然后依次手动执行拍照工具组、蓝色块识别及定位工具组、绿色块识别及定位工具组、黄色块识别及定位工具组、红色块识别及定位工具组以更新拼图定位中 7 块七巧板的当前位置和角度，然后依次单击拼图定位中的"设置位置"和"执行"按钮，即完成目标形态设置操作。拼图定位目标形态的设置如图 3-3-25所示。

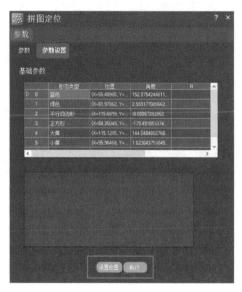

图 3-3-25　目标形态的设置

6）正方形摆拼——搬运

正方形七巧板摆拼的最后一步操作为搬运，即把识别到的七巧板搬运至最终的目标位置。七巧板的搬运过程按照搬运的顺序可分为7个步骤，即每个步骤搬运一块七巧板。由于每块七巧板的搬运操作类似，下面重点以工具组中的蓝色三角形块的搬运为例进行具体介绍，蓝色三角形块的搬运流程如图 3-3-26 所示。

微课：七巧板拼图实训——
拼图程序设计

图 3-3-26　蓝色三角形块的搬运流程

（1）移动到蓝色位置并开真空的 PLC 控制。七巧板的搬运流程是先移动 X、Y 轴至蓝色三角形中心点的正上方，然后控制 Z 轴下降至物块表面，接着打开真空吸嘴。因此，向搬运工具组中加入 PLC 控制工具，将该工具命名为"移动到蓝色位置并开真空"，并在该 PLC 控制工具中依次按照 X 轴、Y 轴、Z 轴、吸嘴开真空的移动顺序添加运动控制，在实际运行过程中系统会按此顺序执行。

运动设置中需按顺序依次连接 X 轴的位置至变量赋值蓝色块识别及定位中形状匹配的"输出参数.检测点.X 坐标"；连接 Y 轴的位置至变量赋值蓝色块识别及定位中形状匹配的"输出参数.检测点.Y 坐标"；然后修改 Z 轴的值为"27.5"，Z 轴的值根据实际下降距离示教得出；最后选中运动控制吸嘴开真空。运动设置及 X 轴位置参数连接如图 3-3-27 所示。

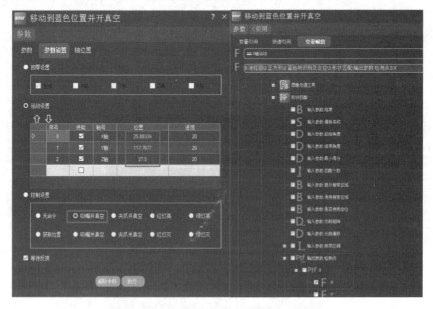

图 3-3-27　运动设置及 X 轴位置参数连接

（2）提起、旋转并移动至目标位的 PLC 控制。七巧板摆拼流程是吸取物块后先抬起 Z 轴，然后控制 R 轴旋转至目标角度，最后移动 X、Y 轴至目标位的正上方。因此，向搬运工具组中加入 PLC 控制工具，将该工具命名为"提起、旋转并移动至目标位"，并在该工具中依次按照 Z 轴、R 轴、X 轴、Y 轴的移动顺序添加运动控制。

运动设置中需按顺序依次设置 Z 轴的位置为 0；连接 R 轴的位置至变量赋值拼图定位中的"输出参数.角度转换.角度转换.0"；连接 X 轴的位置至变量赋值拼图定位中的"输出参数.位置转换.X 坐标"；连接 Y 轴的位置至变量赋值拼图定位中的"输出参数.位置转换.Y 坐标"。运动设置及 R 轴位置参数连接如图 3-3-28 所示。

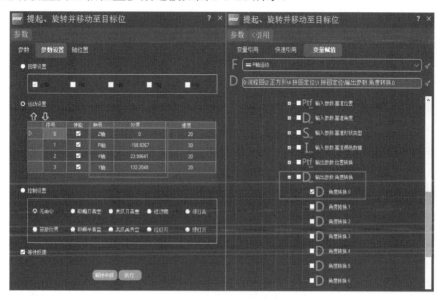

图 3-3-28　运动设置及 R 轴位置参数连接

（3）放置并关真空的 PLC 控制。移动至目标位上方后需进行放置，即下降 Z 轴然后关闭真空吸嘴。因此，向搬运工具组中加入 PLC 控制工具，将该工具命名为"放置并关真空"，并在该工具中按照 Z 轴、吸嘴关真空的移动顺序添加运动控制，然后设置 Z 轴的位置为"27.5"，最后选中控制设置中的吸嘴关真空。放置并关真空的 PLC 控制如图 3-3-29 所示。

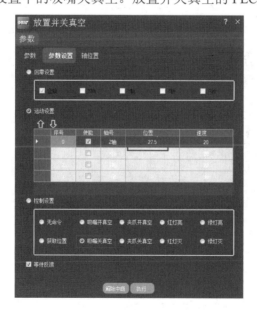

图 3-3-29　放置并关真空的 PLC 控制

（4）抬起的 PLC 控制。蓝色七巧板搬运的最后一步操作为抬起 Z 轴，等待下个色块的搬运指令。因此，向搬运工具组中加入 PLC 控制工具，将该工具命名为"抬起"，并在该工具的运动设置中设置 Z 轴的位置为"0"，至此即完成了蓝色块搬运、放置的全过程。抬起的 PLC 控制如图 3-3-30 所示。

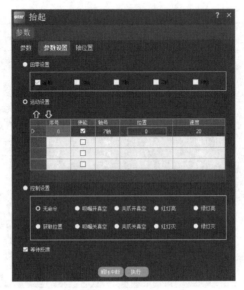

图 3-3-30　抬起的 PLC 控制

7）其他颜色的搬运与放置

其余 6 块七巧板的搬运、放置过程与蓝色块的搬运、放置操作类似，也是依次执行移动到相应颜色的位置并开真空，提起、旋转并移动到目标位，放置并关真空，抬起操作。相应地，其连接的变量也为相应颜色、形状匹配的输出参数的检测点和拼图定位的输出参数的角度转换和位置转换。七巧板搬运全流程如图 3-3-31 所示。

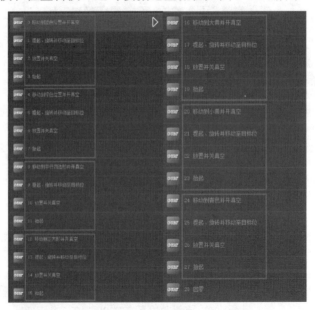

图 3-3-31　七巧板搬运全流程

任务评价

任务评价如表 3-3-1 所示。

表 3-3-1　任务评价

基本信息	七巧板识别及拼图之脚本编写任务					
	班级		学号		分组	
	姓名		时间		总分	
项目内容	评价内容		分值	自评	小组互评	教师评价
任务考核（60%）	操作软件完成七巧板的识别及拼图		60			
	描述脚本编写与检测工作流程		40			
	任务考核总分		100			
素养考核（40%）	操作安全、规范		20			
	遵守劳动纪律		20			
	分享、沟通、分工、协作、互助		20			
	资料查阅、文档编写		20			
	精益求精、追求卓越		20			
	素养考核总分		100			

 任务拓展

请同学们总结在本任务中使用到的命令，总结它们的异同，并思考一下，能否使用其他视觉知识完成七巧板的识别及拼图任务。

📖 知识链接

`知识点`　形态学处理

形态学是图像处理中应用较为广泛的技术之一，主要用于从图像中提取对表达和描绘区域形状有意义的图像分量，使后续的识别工作能够抓住目标对象最为本质的形状特征，如边界和连通区域等。同时像细化、像素化和修剪毛刺等技术也常被应用于图像的预处理和后处理中，成为图像增强技术的有力补充。

形态学的基本思想是利用一种特殊的结构来测量或提取输入图像中相应的形状或特征，以便进一步进行图像分析和目标识别。形态学处理常见的方法有膨胀、腐蚀、开运算、闭运算等。

1．膨胀

膨胀是对选区进行"扩大"的一种操作。其原理是使用一个自定义的结构元素，在待处理的二维图像上进行类似于"滤波"的滑动操作，然后将二值图像对应的像素点与结构

元素的像素进行对比，得到的并集为膨胀后的图像像素。

经过膨胀操作，图像区域的边缘可能会变得平滑，区域的像素将会增加，不相连的部分可能会连接起来，这些都与腐蚀操作正好相反。即使如此，原本不相连的区域仍然属于各自的区域，不会因为像素重叠就发生合并。膨胀效果如图 3-3-32 所示。

2. 腐蚀

腐蚀操作是对所选区域进行"收缩"的一种操作，可以用于消除边缘和杂点。腐蚀区域的大小与结构元素的大小和形状相关。其原理是使用一个自定义的结构元素，如矩形、圆形等，在二值图像上进行类似于"滤波"的滑动操作，然后将二值图像对应的像素点与结构元素的像素进行对比，得到的交集即为腐蚀后的图像像素。

经过腐蚀操作，图像区域的边缘可能会变得平滑，区域的像素将会减少，相连的部分可能会断开。即使如此，各部分仍然属于同一个区域。腐蚀效果如图 3-3-33 所示。

图 3-3-32　膨胀效果

图 3-3-33　腐蚀效果

3. 开运算

开运算的计算步骤是先腐蚀，后膨胀。通过腐蚀运算能去除小的非关键区域，也可以把离得很近的元素分隔开，再通过膨胀填补过度腐蚀留下的空隙。因此，通过开运算能去除孤立的、细小的点及平滑毛糙的边缘线，同时原区域面积也不会有明显的改变，类似于一种"去毛刺"的效果。开运算效果如图 3-3-34 所示。

图 3-3-34　开运算效果

4．闭运算

闭运算的计算步骤与开运算正好相反，为先膨胀，后腐蚀。这两步操作能将看起来很接近的元素，如区域内部的空洞或外部孤立的点连接成一体，区域的外观和面积也不会有明显的改变。通俗地说，就是类似于"填空隙"的效果。与单独的膨胀操作不同的是，闭运算在填空隙的同时，不会使图像边缘轮廓加粗。闭运算效果如图 3-3-35 所示。

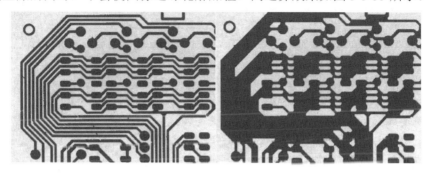

图 3-3-35　闭运算效果

📔 工作手册

姓名：	学号：	班级：	日期：

七巧板识别及拼图之脚本编写工作手册

任务接收

表 3.3.1　任务分配

序号	角色	姓名	学号	分工
1	组长			
2	组员			
3	组员			
4	组员			
5	组员			

任务准备

表 3.3.2　工作方案设计

序号	工作内容	负责人
1		
2		
3		
4		

课堂
笔记

表 3.3.3　实训设备、工具与耗材清单

序号	名称	型号与规格	数量	备注
1				
2				
3				
4				
5				
领取人　　　　　归还人：				

任务实施

（1）进行 N 点标定、七巧板的识别定位及拼图等。

表 3.3.4　任务实施 1

操作	描述
N 点标定	
七巧板的识别定位	
拼图	
负责人	验收签字

（2）描述脚本编写与检测工作流程。

表 3.3.5　任务实施 2

内容	描述
脚本编写与检测工作流程	
负责人	验收签字

任务拓展

请同学们总结在本任务中使用到的命令，总结它们的异同，并思考一下，能否使用其他视觉知识完成七巧板的识别及拼图任务。

课后作业

小组合作，用 PPT 展示以下内容：

（1）七巧板的识别及拼图的整体流程；

（2）颜色识别、图像处理、拼图定位等指令的使用方法；

（3）描述拼图完成后七巧板间距是否过大或重叠，并进行分析。

课堂
笔记

4

项 目

机械零件平面尺寸综合测量

>>>>>

◎ **项目导入**

　　随着国内机械制造业的蓬勃发展，制造技术日新月异，对检测技术的要求也越来越高。传统的人工检测虽简单方便，但工作量大、测量精度低、效率低、柔性差，不利于信息集成及自动化生产的需求，应用机器视觉技术对零件进行直径、间距等的尺寸检测，采用边加工边测量的方式进行在线检测，可有效缩短零件的生产周期，提高生产效率。

　　基于机器视觉技术的零件尺寸检测系统，以计算机为控制中心，由工业相机、光学镜头、光源等硬件及图像处理软件等搭建而成。机器视觉检测系统采用相机将被检测目标转换成图像信号，传送给专用的图像处理系统，根据像素分布和亮度、颜色等信息，转变成数字化信号，图像处理系统对这些信号进行各种运算来抽取目标的特征，如面积、数量、位置、长度，再根据预设的允许度和其他条件输出结果，包括尺寸、角度、个数、合格/不合格、有/无等，实现自动识别。

◎ **学习目标**

知识目标

1. 掌握机械零件尺寸公差与配合的基础知识；
2. 理解像素精度原理。

能力目标

1. 能够编写程序，检测尺寸；
2. 能根据零件的公差判断质量。

素质目标

1. 培养创新思维，能够举一反三解决实际问题；
2. 强化规范意识、质量意识，自觉践行行业道德规范。

认识机械零件平面尺寸综合测量任务

任务描述

制造行业充满了各种各样的机械零件，零件制造完成后，尺寸如果不满足精度要求，需要及时检测出来。传统的零件尺寸检测大多是手动进行的，而随机器视觉技术的发展，目前可以通过机器视觉进行自动的尺寸检测。

某机械零件制造厂家为了对零件的质量进行检测，购置了一批机器视觉系统设备，专门进行相关测试，你作为该设备的技术员，需要了解该设备的原理，以保证后续任务的顺利进行。待检样品如图 4-1-1 所示。

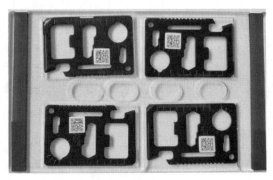

图 4-1-1　待检样品

任务要求

本任务是认识机械零件平面尺寸综合测量任务。机械零件 4 个，料盘 1 套，机械零件规格大小约为 70mm×50mm，平台料盘共包括 4 个工位，规格大小约为 200mm×120mm，示教 4 个拍照位置，4 个机械零件分别测量一次。要求：

微课：机械零件尺寸测量
实训任务分析

（1）掌握像素精度原理；

（2）掌握本任务需要实现的检测任务；

（3）熟悉整个机器视觉设备，了解各个部件的工作原理及功能。

任务准备

机器视觉系统应用实训平台、配套器件箱、工具箱、实训器材。

（1）以 4～6 人为一个小组；

（2）各小组使用个人计算机或手机上网查找资料；

（3）各小组准备 A3 白纸、勾线笔、12 色以上马克笔、直尺、橡皮擦若干；

（4）各小组依次完成以下任务。

任务实施

本任务主要认识机械零件平面尺寸综合测量任务，认识机器视觉实训平台，掌握基本的操作方法、设备上电方法、各部件的点位等，了解工具箱、器件箱中的设备，如不同型号相机、镜头之间的区别。

任务实施步骤如下：

（1）掌握机械零件尺寸公差与配合的定义及一般的尺寸标注方法。

（2）描述机器视觉实训平台的设备组成、各组成部分的作用、平台操作方法。

（3）描述本任务需要进行的检测任务。

（4）检查硬件运行前的安全性；连接硬件电路，检测各电路的正确性，确保无误后通电使用。手动操作操纵杆，实现载物台面的水平 X、Y 移动，连接光源通道，实现背光源的亮度调节。

任务评价

任务评价如表 4-1-1 所示。

表 4-1-1　任务评价

基本信息	认识机械零件平面尺寸综合测量任务					
	班级		学号		分组	
	姓名		时间		总分	
项目内容	评价内容		分值	自评	小组互评	教师评价
任务考核（60%）	描述机械零件尺寸公差与配合的意义		20			
	描述机械零件平面尺寸综合测量平台的设备组成、各组成部分的作用、平台操作方法		20			
	描述机械零件平面尺寸综合测量的检测任务及检测过程		40			
	检查硬件运行前的安全性		20			
	任务考核总分		100			
素养考核（40%）	操作安全、规范		20			
	遵守劳动纪律		20			
	分享、沟通、分工、协作、互助		20			
	资料查阅、文档编写		20			
	精益求精、追求卓越		20			
	素养考核总分		100			

任务拓展

列举日常生活中经常遇到的机械零件尺寸测量的例子，并思考如何通过机器视觉技术进行测量。

知识链接

知识点 4.1.1　公差

将以某个基准值为基础，可允许误差的最大尺寸与最小尺寸之差称为公差。

例如，制造长度为 50mm 的圆柱，若规定在 ±0.1mm 的误差内为合格品，则可以说"公差为 ±0.1mm"。虽然图样上规定了长度为 50mm，但实际制造品基本上都不会刚好是 50mm。即使是高精度的加工设备，也会制造出 49.997mm、50.025mm 这种存在极微小误差的产品。

在判断制造品是否为规定长度（50mm）的测量中，可变因素也会引起测量值产生偏差。气温、湿度变化引起的材质膨胀、收缩，以及因测量仪压力产生的变形等都属于变形因素。

实际参数值的允许变动量既包括机械加工中的几何参数，也包括物理、化学、电学等学科的参数。所以说公差是一个使用范围很广的概念。对于机械制造来说，制定公差的目的就是确定产品的几何参数，使其变动量在一定的范围内，以便达到互换或配合的要求。

因此，在制造工序和检查工序中，必须考虑到相对于设计值的误差，即对机械或机器零件实际参数值的允许变动量。

知识点 4.1.2　尺寸公差

尺寸公差是指允许的最大极限尺寸减最小极限尺寸之差的绝对值，是一个没有符号的数值。尺寸公差=上极限偏差-下极限偏差。在公称尺寸相同的情况下，尺寸公差愈小，尺寸精度愈高。尺寸示意图如图 4-1-2 所示。

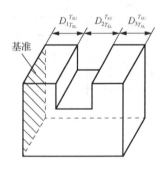

图 4-1-2　尺寸示意图

公差几乎贯穿了整个产品的生命周期，影响着产品的质量、加工工艺路线、检测、生产制造成本及最终产品的装配等。

切削加工所获得的尺寸精度一般与使用的设备、刀具和切削条件等密切相关。尺寸精度愈高，零件的工艺过程愈复杂，加工成本也愈高。因此，在设计零件时，应在保证零件的使用性能的前提下，尽量选用较低的尺寸精度。

知识点 4.1.3　一般公差

按 GB/T 1804—2000《一般公差　未注公差的线性和角度尺寸的公差》的规定，图样中所有没有标注公差的尺寸，一律按照一般公差进行加工。

1．一般公差的定义

一般公差是指在车间加工条件通常可保证的公差。在正常维护和操作的情况下，它代表经济加工精度。采用一般公差的尺寸，通常不注出极限偏差，所以一般公差又称未注公差，在正常车间精度保证的条件下，一般可不检验该尺寸。

2．一般公差的作用

一般公差可简化制图，使图样清晰易读，并突出了标有公差要求的部位，以便在加工和检验时引起重视，还可简化零件上某些部位的检验。

3．一般公差的应用

一般公差主要用于较低精度的非配合尺寸和由工艺方法来保证的尺寸，如铸件和冲压件尺寸用模具保证。

4．线性尺寸的一般公差标准

公差等级：线性尺寸的一般公差分为 4 级，即 f（精密级）、m（中等级）、c（粗糙级）、v（最粗级），如表 4-1-2 所示。

表 4-1-2　公差等级　　　　　　　　　　（单位：mm）

公差等级	尺寸分段							
	0.5～3	>3～6	>6～30	>30～120	>120～400	>400～1000	>1000～2000	>2000～4000
f（精密级）	±0.05	±0.05	±0.1	±0.15	±0.2	±0.3	±0.5	—
m（中等级）	±0.1	±0.1	±0.2	±0.3	±0.5	±0.8	±1.2	±2
c（粗糙级）	±0.2	±0.3	±0.5	±0.8	±1.2	±2	±3	±4
v（最粗级）	—	±0.5	±1	±1.5	±2.5	±4	±6	±8

工作手册

姓名：	学号：	班级：	日期：

认识机械零件平面尺寸综合测量任务工作手册

任务接收

表 4.1.1　任务分配

序号	角色	姓名	学号	分工
1	组长			
2	组员			
3	组员			
4	组员			
5	组员			

课堂
笔记

任务准备

表 4.1.2　工作方案设计

序号	工作内容	负责人
1		
2		
3		
4		

表 4.1.3　实训设备、工具与耗材清单

序号	名称	型号与规格	数量	备注
1				
2				
3				
4				
5				
6				
7				

领取人：　　　　归还人：

任务实施

（1）描述机械零件尺寸公差与配合的意义。

表 4.1.4　任务实施 1

内容	描述
公差与配合的定义及意义	
公差与配合的使用方法	
负责人	验收签字

（2）描述机械零件平面尺寸综合测量平台的设备组成、各组成部分的作用、平台操作方法。

表 4.1.5　任务实施 2

内容	描述
机器视觉实训平台的设备组成及各部分的作用	
设备操作方法	
负责人	验收签字	

（3）描述机械零件平面尺寸综合测量的检测任务及检测过程。

表 4.1.6　任务实施 3

内容	描述
机械零件平面尺寸综合测量的检测任务及检测过程	
负责人	验收签字	

任务拓展

列举日常生活中经常遇到的机械零件尺寸测量的例子，并思考如何通过机器视觉技术进行测量。

课后作业

小组合作，用 PPT 展示以下内容：

（1）机械零件测量系统的组成；

（2）机械零件尺寸公差与配合的一般要求；

（3）机械零件的测量内容；

（4）一个简单的系统组装、加电、手动操作过程。

机械零件平面尺寸综合测量之设备选型与组装

任务描述

某机械零件制造厂家为了对零件的质量进行检测，专门购置了一批机器视觉系统设备用于相关测试，你作为该设备的技术员，需要了解该设备的工作原理。

要求进行机械零件平面尺寸综合测量的设备选型，并进行设备组装。选型主要包括相机、镜头、光源等的选型；组装主要是将选型的设备进行安装、接线，确保加电正常，保证后续任务的顺利进行。

任务要求

本任务要求完成机械零件平面尺寸综合测量，包括机械零件 4 个，料盘 1 套，机械零件规格大小约为 70mm×50mm，平台料盘共包括 4 个工位，规格大小约为 200mm×120mm，示教 4 个拍照位置，4 个机械零件分别测量一次。要求：

（1）了解相机、镜头选型的基本原理；

（2）掌握像素精度的基本原理；

（3）掌握相机、镜头、光源等正确的接线方法。

任务准备

机器视觉系统应用实训平台、配套器件箱、工具箱、实训器材。

（1）以 4~6 人为一个小组；

（2）各小组使用个人计算机或手机上网查找资料；

（3）各小组准备 A3 白纸、勾线笔、12 色以上马克笔、直尺、橡皮擦若干。

任务实施

1. 相机的选型

在前面的学习中，我们知道，工业相机有很多参数，现在要求检测机械零件的平面尺寸，零件规格大小约为 70mm×50mm，同时要求单个像素精度小于 0.05mm。要满足上述测量及精度要求，理论上需要的相机分辨率为 1400 像素×1000 像素，考虑测量误差、安装误差等，选择分辨率为 2448 像素×2048 像素的黑白 2D 相机。相机的相关参数如表 3-2-1 所示。

因此，要满足上述测量及精度要求，在提供的设备中选择相机 B。

2．工业镜头相关计算与选型

1）像长的计算

根据相机的选型，黑白 2D 相机的像素尺寸为 3.45μm，分辨率为 2448 像素×2048 像素，因此根据像长计算公式，有

$$像长 L（mm）=像素尺寸（μm）×像素（长、宽）$$

2）焦距的计算

在选择镜头搭建一套成像系统时，需要重点考虑像长 L、成像物体的长度 H、镜头焦距 f 及物体至镜头的距离 D 之间的关系。已经知道，相机内部芯片的像长 L 的长和宽分别为 8.45mm、7.07mm。物像之间简化版的关系为

$$\frac{L}{H}=\frac{f}{D}$$

根据任务要求，机械零件平面尺寸综合测量与组装的工作距离为 200～250mm，单个视野的长宽约为 80mm×60mm（允许正向偏差不超过 10mm），取工作距离的最大值 250mm 为机械零件至镜头的距离 D，80mm、60mm 为成像物体的长度 H，因此在焦距的计算中需要分别对长和宽进行计算。

3）工业镜头的选型

根据焦距计算公式，可以计算得出长边焦距 $f_1=26.4mm$，短边焦距 $f_2=29.4mm$，并考虑到实际误差、工业镜头±5%的焦距微调区间，以及任务要求中允许的 10mm 视野范围正向偏差，故选择的镜头焦距 f 应小于 26.4mm，根据设备所提供的 3 种镜头，选择焦距为 25mm 的镜头。工业镜头的相关参数如表 3-2-2 所示。

3．光源选型

光源如表 3-2-3 所示。根据任务要求，需识别并测量机械零件的圆直径、圆心距、线间距、点线距和二维码，为提高识别、测量的准确度和精度，需将外界环境的影响降至最低，故选择安装平行背光源和小号环形三色上光源，提供上下垂直的光照，使拍摄的图像更加清晰、精度更高。

4．设备组装

操作步骤同任务 3.2 中"任务实施"中的"4．设备组装"。为了方便阅读，这里再次给出操作步骤。

将相机快换板连接到相机上，将小号环形光源安装到镜头上，将固定板连接到相机快换板上，拧动旋钮固定相机，将电源线与网线连接到相机，使用扎带绑紧。背光板连接 CH1，建议光源线连接红、绿、蓝到 CH2、CH3、CH4，这样在软件中调节时，更清楚在

哪个通道。将电源线、网线和光源线放置到坦克链中。

完成对设备硬件的选型与组装。

5．组装完成后的设备调试

1）光源通道参数设置

同任务 3.2。

2）黑白 2D 相机参数设置

设置黑白 2D 相机的 IP 地址为 169.254.11.51，同时分别连接相机网线和黑白 2D 相机电源线至以太网网口和 12V 直流电源上。

3）PLC 参数设置

同任务 3.2。

任务评价

任务评价如表 4-2-1 所示。

表 4-2-1　任务评价

基本信息	机械零件平面尺寸综合测量之设备选型与组装任务					
	班级		学号		分组	
	姓名		时间		总分	
项目内容	评价内容		分值	自评	小组互评	教师评价
任务考核 （60%）	设备选型		25			
	硬件准备		25			
	描述硬件组装内容		25			
	检查硬件运行前的安全性		25			
	任务考核总分		100			
素养考核 （40%）	操作安全、规范		20			
	遵守劳动纪律		20			
	分享、沟通、分工、协作、互助		20			
	资料查阅、文档编写		20			
	精益求精、追求卓越		20			
	素养考核总分		100			

任务拓展

在进行相机组装时，请同学们仔细观察相机内部的成像元件，并指出是何种类型。

知识链接

知识点 4.2.1　　CCD

　　CCD（电荷耦合器件）能够将光线变为电荷并将电荷存储及转移，也可将存储的电荷取出，使电压发生变化，因此是理想的相机元件。CCD 相机（图 4-2-1）因具有体积与质量小、不受磁场影响、具有抗振动和撞击、可做成集成度非常高的组合件的特性而被广泛应用。

　　CCD 图像传感器是按一定规律排列的 MOS（金属-氧化物-半导体）电容器组成的阵列。在 P 型或 N 型硅衬

图 4-2-1　CCD 相机

底上生长一层很薄（约 120nm）的二氧化硅，再在二氧化硅薄层上依次序沉积金属或掺杂多晶硅电极（栅极），形成规则的 MOS 电容器阵列就构成了 CCD 芯片。CCD 的工作过程包括信号电荷产生、信号电荷存储、信号电荷传输、信号电荷检测与输出。

　　（1）信号电荷产生：CCD 可以将入射光信号转换为电荷输出，原理是半导体内的光电效应（光生伏特效应）。MOS 电容器是构成 CCD 的最基本单元。

　　（2）信号电荷存储：将入射光子激励出的电荷收集起来成为信号电荷包的过程。

　　（3）信号电荷传输：将所收集起来的电荷包从一个像素转移到下一个像素，直到全部电荷包输出完成的过程。

　　（4）信号电荷检测与输出：将转移到输出级的电荷转换为电流或电压的过程。

　　CCD 图像传感器可直接将光学信号转换为模拟电流信号，电流信号经过放大和 A/D 转换，实现图像的获取、存储、传输、处理和复现。其显著特点如下：

　　（1）体积与质量小；

　　（2）功耗小，工作电压低，抗冲击与振动，性能稳定，寿命长；

　　（3）灵敏度高，噪声低，动态范围大；

　　（4）响应速度快，无残像；

　　（5）应用超大规模集成电路工艺技术生产，像素集成度高，尺寸精确，商品化生产成本低。

　　CCD 从功能上可分为线阵 CCD 和面阵 CCD 两大类。线阵 CCD 有单沟道和双沟道之分，其光敏区是 MOS 电容或光电二极管结构，生产工艺相对较简单。它由光敏区阵列与移位寄存器扫描电路组成，特点是处理信息速度快、外围电路简单、易实现实时控制，但获取信息量小，不能处理复杂的图像。面阵 CCD 的结构要复杂一些，它由很多光敏区排列成一个方阵，并以一定的形式连接成一个器件，获取信息量大，能处理更复杂的图像。

CMOS 图像传感器

CMOS 本是计算机系统内一种重要的芯片，后因其可以进行快速拍摄、制造成本低、

能耗低、数据处理速度快而被广泛使用。CMOS 图像传感器如图 4-2-2 所示。

CCD 与 CMOS 图像传感器光电转换的原理相同，它们最主要的差别在于信号的读出过程不同。由于 CCD 图像传感器仅有一个（或少数几个）输出节点统一读出，故其信号输出的一致性非常好；CMOS 图像传感器，每个像素都有各自的信号放大器，各自进行电荷-电压的转换，其信号输出的一致性较差。但是 CCD 图像传感器为了读出整幅图像信号，要求输出

图 4-2-2　CMOS 图像传感器

放大器的信号带宽较宽，而在 CMOS 图像传感器中，每个像素中的放大器的带宽要求较低，大大降低了芯片的功耗，这就是 CMOS 图像传感器的功耗比 CCD 图像传感器低的主要原因。尽管 CMOS 图像传感器降低了功耗，但是数以百万的放大器的不一致性却带来了更高的固定噪声，品质低于 CCD 图像传感器，这是 CMOS 图像传感器相对 CCD 图像传感器的固有劣势。

CCD 和 CMOS 图像传感器对比

CCD 与 CMOS 图像传感器是被普遍采用的两种图像传感器，两者都是利用感光二极管进行光电转换的，将图像转换为数字数据，而其主要差异是数字数据传送的方式不同。

CCD 图像传感器中每一行中每一个像素的电荷数据都会依次传送到下一个像素中，由最底端部分输出，再经由传感器边缘的放大器进行放大输出；而在 CMOS 图像传感器中，每个像素都会邻接一个放大器及 A/D 转换电路，用类似内存电路的方式将数据输出。

由于数据传送方式不同，因此 CCD 与 CMOS 图像传感器在效能与应用上也有诸多差异，这些差异包括以下方面：

（1）灵敏度：由于 CMOS 图像传感器的每个像素由 4 个晶体管与 1 个感光二极管构成（含放大器与 A/D 转换电路），使得每个像素的感光区域远小于像素本身的表面积，因此在像素尺寸相同的情况下，CMOS 图像传感器的灵敏度要低于 CCD 图像传感器。但是随着现在半导体工艺的进步，在灵敏度方面，CMOS 图像传感器的性能逐渐追赶上 CCD 图像传感器。

（2）成本：由于 CMOS 图像传感器采用一般半导体电路最常用的 CMOS 工艺，可以轻易地将周边电路［如自动增益控制（automatic gain control，AGC）、相关双取样电路（correlated double sampling，CDS）等］集成到传感器芯片中，因此可以节省外围芯片的成本；此外，由于 CCD 采用电荷传递的方式传送数据，只要其中有一个像素不能运行，就会导致一整排的数据不能传送，因此控制 CCD 图像传感器的成品率比 CMOS 图像传感器困难许多。因此，CCD 图像传感器的成本会高于 CMOS 图像传感器。

（3）噪声：由于 CMOS 图像传感器的每个感光二极管都需搭配一个放大器，而放大器属于模拟电路，很难让每个放大器所得到的结果保持一致，因此与只有一个放大器放在芯

片边缘的 CCD 图像传感器相比，CMOS 图像传感器的噪声会增加很多，影响图像品质。

　　CCD 图像传感器在灵敏度、分辨率、噪声控制等方面优于 CMOS 图像传感器，而 CMOS 图像传感器则具有低成本、低功耗及高整合度的特点。不过，随着 CCD 与 CMOS 图像传感器技术的进步，两者的差异有逐渐缩小的态势。例如，CCD 图像传感器一直在功耗上做改进，以应用于移动通信市场；CMOS 图像传感器则在改善分辨率与灵敏度方面的不足，以应用于更高端的图像产品。

 工作手册

姓名：	学号：	班级：	日期：

机械零件平面尺寸综合测量之设备选型与组装工作手册

任务接收

表 4.2.1　任务分配

序号	角色	姓名	学号	分工
1	组长			
2	组员			
3	组员			
4	组员			
5	组员			

任务准备

表 4.2.2　工作方案设计

序号	工作内容	负责人
1		
2		
3		
4		

表 4.2.3　实训设备、工具与耗材清单

序号	名称	型号与规格	数量	备注
1				
2				
3				
4				
5				

领取人：　　　　归还人：

任务实施

　　（1）设备选型，并准备相机、镜头、光源和线缆等硬件。

课堂
笔记

表4.2.4　任务实施1

设备安装前准备		
相机准备		
镜头准备		
光源准备		
线缆准备		
负责人		验收签字	

（2）描述硬件组装过程。

表4.2.5　任务实施2

内容	描述	
硬件组装过程		
负责人		验收签字	

课堂
笔记

（3）检查硬件运行前的安全性。

进行所有操作之前必须检查设备的安全性，确保接线牢固、无误，不会发生短路、漏电等危险。

任务拓展

在进行相机组装时，请同学们仔细观察相机内部的成像元件，并指出是何种类型。

课后作业

小组合作，用PPT展示以下内容：

（1）硬件设备选型过程；

（2）硬件设备的组装过程；

（3）设备组装完成后加电，在MV Viewer软件中显示图像。

任务4.3

机械零件平面尺寸综合测量之脚本编写与检测

任务描述

某机械零件制造厂家为了对零件的质量进行检测，专门购置了一批机器视觉系统设备用于相关测试，你作为该设备的技术员，需要进行零件相关尺寸的测试。在了解该设备的工作原理、设备选型、组装硬件的基础上，进行如下的软件操作，并完成检测任务。

任务要求

要求同学们在组装、调试硬件的基础上，在 KImage 软件中进行脚本的编写，并完成检测任务。通过对实训平台的操作，在软件中调用相应的脚本命令，实现点线距、线间距、角度、圆直径等的检测。需要测量的尺寸及其测量精度如下：

（1）大圆直径：如公差±0.5mm；

（2）大小圆圆心距：如公差±0.5mm；

（3）半圆圆心距：如公差±0.5mm；

（4）点线距离：如公差±0.5mm；

（5）线间距：如公差±0.5mm；

（6）线夹角：如公差±0.5°。

任务准备

在前面已经完成设备的组装调试的基础上，在现场的计算机上编写脚本，实现本任务中各项尺寸的测量。

任务实施

完整的机械零件平面尺寸综合测量视觉程序应包括 XY 标定、1～4 号位机械零件测量，以及测量数据显示等一系列软件操作。为便于程序的编写和阅读，设置了 1 个 XY 标定工具组和 4 个工位测量模块组，机械零件测量整体流程如图 4-3-1 所示。

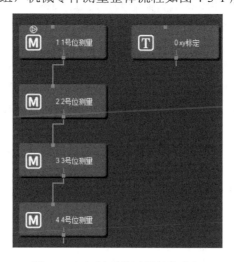

图 4-3-1 机械零件测量整体流程

1．XY标定工具组

XY标定工具组用于实现标定图形的拍摄、仿射矩阵的变换及像素坐标与世界坐标的转换的功能，按照操作的顺序需要依次用到拍照位的PLC控制、开启光源、相机、关闭光源、标定板找圆、XY标定等工具。机械零件平面尺寸综合测量XY标定工具组的整体流程如图4-3-2所示。

1）拍照位

向XY标定工具组中添加PLC控制工具，并将该工具命名为"拍照位"，同时在运动平台上安装标定板A，通过修改拍照位PLC控制工具中 X、Y 轴的位置移动运动平台至垂直于相机的正下方，使相机拍摄的图片能包含完整的标定板，拍照位的PLC控制如图4-3-3所示。

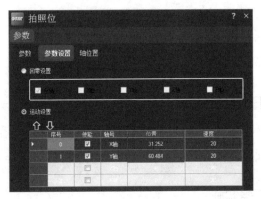

图4-3-2　XY标定工具组流程　　　　　图4-3-3　拍照位的PLC控制

2）开启光源

相机拍照之前需点亮一定亮度的背光光源，增强拍摄图像的清晰程度，向XY标定工具组中添加光源控制工具，并将该工具命名为"开启光源"。本任务中背光源连接的是通道1，设置背光源的亮度值为10。

3）相机

向XY标定工具组中添加相机工具，并在相机的基础参数中选择"KiDaHuaCam.SerialNo:6M0CD67PAK00012.Index:0"型黑白2D相机，需要提前安装大华相机驱动软件。在相机"图像设置"界面中设置合理的曝光、增益及伽马值，使黑白2D相机拍摄出的图片质量最高，本任务中设置相机的曝光、增益及伽马值分别为3467.4、1.0和1.0，相机参数的设置如图4-3-4所示。

4）关闭光源

向XY标定工具组中添加光源控制工具，并将该工具命名为"关闭光源"，即完成拍照后将光源的亮度值调为0，以减少能源消耗。

5）标定板找圆

向XY标定工具组中添加找圆工具，并将该工具命名为"标定板找圆"。"搜索方向"设置为"由外到圆心"，"搜索极性"设置为"从白到黑"，然后单击"注册图像"按钮，在图像显示区框选一个完整的大圆形。标定板找圆的设置及输出如图4-3-5所示。

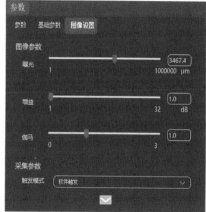

图4-3-4　相机参数的设置

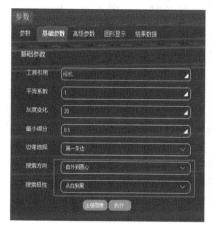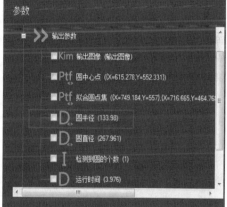

图4-3-5　标定板找圆的设置及输出

6）XY 标定

向 XY 标定工具组中添加 XY 标定工具，XY 标定工具的主要作用是根据输入的像素距离和实际距离计算得到像素当量。XY 标定工具的输入类型选择"距离输入模式"，X、Y 像素距离分别填入标定板找圆的半径像素值，实际距离填入标定板上给出的 5mm 半径值，半径值应与标定板找圆工具中框选的圆形对应，最后单击"执行"按钮完成 XY 标定。标定工具组不需要一直执行，仅需在项目配置阶段执行一次即可。

完成 XY 标定后取下标定板 A 并更换摆放机械零件的料盘，至此即完成了机械零件平面尺寸综合测量的标定工作。XY 标定如图 4-3-6 所示。

2．1 号位测量模块——拍照工具组

1 号位测量模块包括拍照、正反方向识别、方向判断、正向测量及反向测量 5 个工具组，该模块用于实现 1 号工位的机械零件平面尺寸的综合测量。1 号位测量模块如图 4-3-7 所示。

图 4-3-6　XY 标定

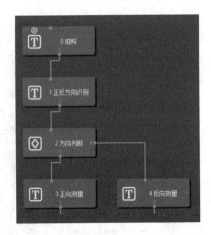

图 4-3-7　1 号位测量模块

1 号位测量模块中的拍照工具组包括拍照位 PLC 控制、开启光源、相机、定时器及关闭光源 5 个工具，主要作用是控制拍照位和相机拍照，操作流程和设置方法与 XY 标定工具组的拍照控制类似。拍照工具组的流程如图 4-3-8 所示。

1）1 号拍照位

向拍照位工具组中添加 PLC 控制工具，并将该工具命名为"1 号拍照位"，修改 PLC 控制工具中 X、Y 轴的位置，移动运动平台使 1 号位垂直于相机的正下方，并在料盘的 1 号工位中正向放置一块机械零件。

微课：机械零件屏幕尺寸测量——
拍照位一的设置

2）开启光源

向拍照位工具组中添加光源控制工具，并将该工具命名为"开启光源"，相机拍照前控制背光源开启，设置合理的光源亮度，使拍摄的图像清晰，本任务中设置亮度值为"10"。

3）相机设置

向拍照位工具组中添加相机工具，并在相机基础参数中选择"KiDaHuaCam.SerialNo: 6M0CD67PAK00012.Index:0"型黑白 2D 相机，设置合理的曝光值，使相机拍摄出的图片质量最高，本任务中此处设置的相机曝光值为 15848.9，设置相机的标定数据格式为"XY 标定"，相机的设置如图 4-3-9 所示。

图 4-3-8　拍照工具组

图 4-3-9　相机的设置

4）定时器设置

向拍照位工具组中添加定时器工具，设置定时器的延时时间为"1000"，相机拍照完成后控制光源点亮 1s。

5）关闭光源

向拍照位工具组中添加光源控制工具，并将该工具命名为"关闭光源"，即延时 1s 后关闭背光源，以减少电能的消耗。

3．1 号位测量模块——正反方向识别工具组

微课：模块工具

根据任务要求，每个工位的机械零件均随机摆放，那么机械零件在工位中的摆放分为正向和反向两种方式，故在机械零件测量前需先对机械零件摆放的方向进行识别和判断，方向判断完成后才能执行后续的测量操作。

正反方向识别工具组需首先对 1 号工位的图片执行方向识别找孔操作，然后添加方向识别用户变量。正反方向识别工具组的流程如图 4-3-10 所示。

图 4-3-10　正反方向识别工具组

1）方向识别找孔

向正反方向识别工具组中添加找圆工具，并将该工具命名为"方向识别找孔"。由于每个机械零件的边角上都有一通孔，机械零件摆放方向不同时通孔的位置也不同，故在方向识别时仅需以正方向时通孔的位置为注册图像进行判断。若系统识别到通孔，则为正方向正；若无法识别到通孔，则为反方向。

"搜索方向"设置为"由外到圆心"，"搜索极性"设置为"从黑到白"，然后单击"注册图像"按钮，在正向机械零件的图像中框选一个完整的圆形，该圆形需完整地框住通孔，使系统能查找到该孔。方向识别找孔如图 4-3-11 所示。

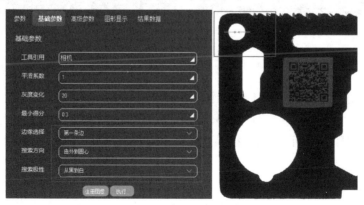

图 4-3-11　方向识别找孔

2）方向识别用户变量

向正反方向识别工具组中添加用户变量工具，并命名为"方向识别用户变量"。在该用户变量中新增一个布尔（Bool）型输出参数，并将该输出参数通过计算器连接至"1 号位综合测量.正反方向识别.方向识别找孔.输出参数.检测到圆的个数"，方向识别用户变量是将通孔检测到的圆的个数转换成 True 或 False 的布尔型变量并进行输出，若输出 True，则说明机械零件为正向摆放；若输出 False，则说明机械零件为反向摆放。方向识别用户变量的设置如图 4-3-12 所示。

图 4-3-12　方向识别用户变量的设置

4．1 号位测量模块——方向判断

添加判断工具，并将该判断工具命名为"方向判断"。方向判断工具基于方向识别用户变量输出的 True 或 False 来判断是执行正向还是反向测量操作，方向判断工具的判断条件连接至变量引用中"1 号位综合测量.正反方向识别.方向识别找孔.输出参数.布尔"。方向判断工具的设置如图 4-3-13 所示。

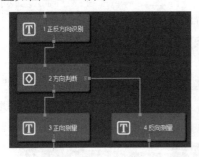

图 4-3-13　方向判断工具的设置

5．1 号位测量模块——正向测量工具组

根据任务要求，需识别工件上的二维码并测量工件的大圆直径、大圆心到通孔圆心距、两个半圆圆心距、尖点到直线的点线距、凹形短边到长边的线间距及线夹角，并根据二维码存储的标准数据来判断上述测量的 6 组数据是否在标准数据±5%的范围内，再据此判断被测工件是否为良品。

在正向测量工具组中添加二维码检测、查找圆、大小圆圆心距、查找线、线间距、找圆、半圆圆心点间距、找点、点线距离、线夹角等工具。正向测量工具组如图 4-3-14所示。

图 4-3-14　正向测量工具组

微课：测量工具

1）二维码检测

　　向正向测量工具组中添加二维码检测工具，将该工具用于检测工件上的二维码并读取二维码中存储的标准测量数据。将二维码检测的工具引用连接到相机，其他设置保持默认。二维码检测工具的设置如图 4-3-15 所示。

图 4-3-15　二维码检测工具的设置

2）找小圆

　　向正向测量工具组中添加找圆工具，并将该工具命名为"找小圆"。将"搜索方向"设置为"由外到圆心"，"搜索极性"设置为"从黑到白"，然后单击"注册图像"按钮，在图像显示区域框选完整的小圆，箭头方向从黑到白指向圆心。找小圆的设置如图 4-3-16所示。

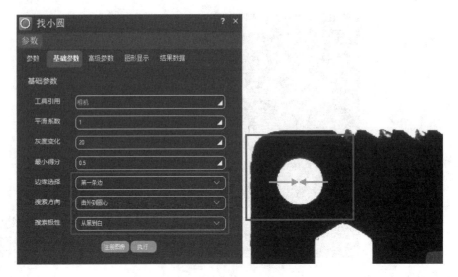

图 4-3-16　找小圆的设置

3）找大圆

向正向测量工具组中添加找圆工具，并将该工具命名为"找大圆"。将"搜索方向"设置为"由圆心到外"，"搜索极性"设置为"从白到黑"，然后单击"注册图像"按钮，在图像显示区框选完整的圆，由于是由圆心向外查找，故框选的范围应略小于实际的大圆。找大圆的设置如图 4-3-17 所示。

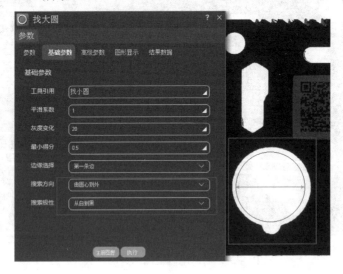

图 4-3-17　找大圆的设置

找圆设置完成后单击"执行"按钮，系统自动查找到该大圆，然后单击参数列表中"输出参数.圆半径"中的"变量设置"按钮，在弹出的对话框中设置参数的判断类型为"区间"，并设置区间的最小值和最大值分别为 14.065 和 15.55。该变量的设置用于判断输出的大圆直径尺寸是否合格。大圆的直径尺寸判断如图 4-3-18 所示。

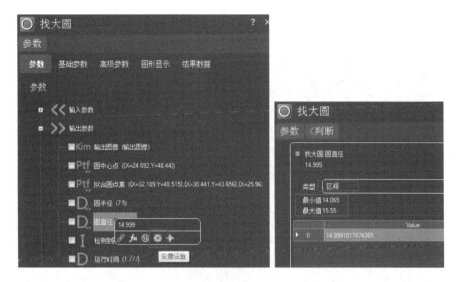

图 4-3-18　大圆的直径尺寸判断

4）大小圆圆心距测量

向正向测量工具组中添加点间距测量工具，并将该工具命名为"大小圆圆心距"，大小圆圆心距工具用于测量大圆的圆心到通孔圆心的距离。大小圆圆心距的第一点连接到变量引用中"1 号位综合测量.正向测量.找小圆.输出参数.圆中心点"，第二点连接到变量引用中"1 号位综合测量.正向测量.找大圆.输出参数.圆中心点"。大小圆圆心距的设置及输出如图 4-3-19 所示。

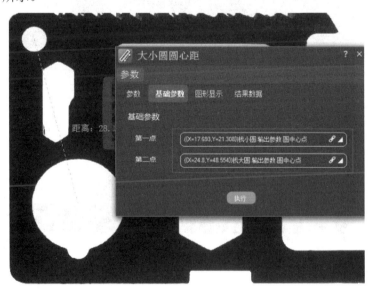

图 4-3-19　大小圆圆心距的设置及输出

大小圆圆心距测量完成后，再单击参数列表中"输出参数.点到点距离"中的"变量设置"按钮，在弹出的对话框中设置参数的判断类型为"区间"，并设置区间的最小值和最大值分别为 26.7235 和 29.5365。该变量的设置用于判断输出的大小圆圆心距尺寸是否合格。大小圆圆心距尺寸判断如图 4-3-20 所示。

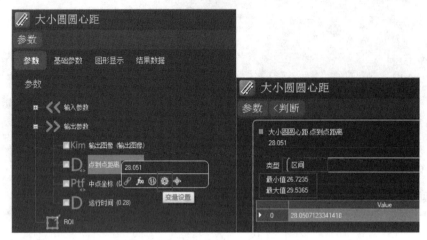

图 4-3-20　大小圆圆心距尺寸判断

5）查找线 1

向正向测量工具组中添加找线工具，并命名为"查找线 1"。将"边缘选择"设置为"第一条边"，"搜索极性"设置为"从白到黑"，然后单击"注册图像"按钮，在图像显示区域框选凹形的短边，箭头方向从白到黑垂直于该边线。查找线 1 的设置如图 4-3-21 所示。

图 4-3-21　查找线 1 的设置

6）查找线 2

向正向测量工具组中添加找线工具，并命名为"查找线 2"。将"边缘选择"设置为"第一条边"，"搜索极性"设置为"从白到黑"，然后单击"注册图像"按钮，在图像显示区域框选凹形的长边，箭头方向从白到黑垂直于该长边。查找线 2 的设置如图 4-3-22 所示。

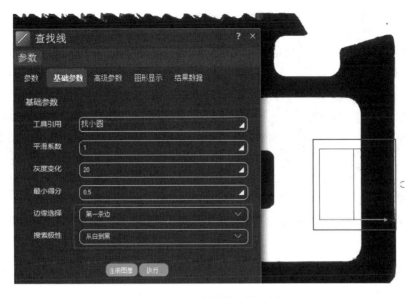

图 4-3-22　查找线 2 的设置

7）线间距测量

向正向测量工具组中添加线间距测量工具，用于测量凹形短边到长边的线间距。线间距的直线一连接到变量引用中"1 号位综合测量.正向测量.查找线 1.输出参数.线坐标"，直线二连接到变量引用中"1 号位综合测量.正向测量.查找线 2.输出参数.线坐标"。线间距的设置及输出如图 4-3-23 所示。

图 4-3-23　线间距的设置及输出

线间距测量完成后，再单击参数列表中"输出参数.线到线距离"中的"变量设置"按钮，在弹出的对话框中设置参数的判断类型为"区间"，并设置区间的最小值和最大值分别为 13.262 和 14.658。该变量的设置用于判断输出的线间距尺寸是否合格。线间距尺寸判断如图 4-3-24 所示。

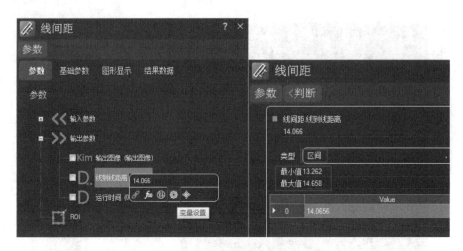

图 4-3-24　线间距尺寸判断

8）找圆 1

向正向测量工具组中添加找圆工具，并将该工具命名为"找圆 1"。将"搜索方向"设置为"由圆心到外"，"搜索极性"设置为"从白到黑"，然后单击"注册图像"按钮，框选实际的左半圆。找圆 1 的设置如图 4-3-25 所示。

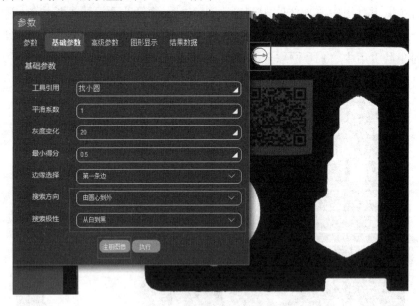

图 4-3-25　找圆 1 的设置

9）找圆 2

向正向测量工具组中添加找圆工具，并将该工具命名为"找圆 2"。将"搜索方向"设置为"由圆心到外"，"搜索极性"设置为"从白到黑"，然后单击"注册图像"按钮，框选实际的右半圆。找圆 2 的设置如图 4-3-26 所示。

10）半圆圆心点间距测量

向正向测量工具组中添加点间距测量工具，并命名为"半圆圆心点间距"，该工具用于测量两个半圆的圆心点间距。点间距的第一点连接到变量引用中"1 号位综合测量.正向测量.找圆 1.输出参数.圆中心点"，第二点连接到变量引用中"1 号位综合测量.正向测量.找圆 2.输出参数.圆中心点"。半圆圆心点间距的设置及输出如图 4-3-27 所示。

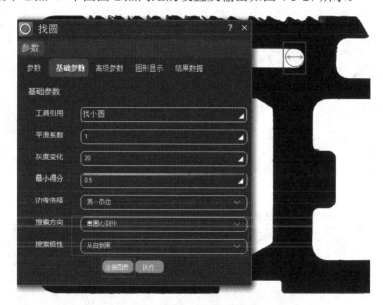

图 4-3-26　找圆 2 的设置

图 4-3-27　半圆圆心点间距的设置及输出

半圆圆心点间距测量完成后，再单击参数列表中"输出参数.点到点距离"中的"变量设置"按钮，在弹出的对话框中设置参数的判断类型为"区间"，并设置区间的最小值和最大值分别为 21.508 和 23.772。该变量的设置用于判断输出的点间距尺寸是否合格。半圆圆心点间距尺寸判断如图 4-3-28 所示。

11）找点

向正向测量工具组中添加找点工具，将"搜索方向"设置为"从白到黑"，"边缘选择"设置为"最后一个点"，"搜索阈值"设置为"20"，然后单击"注册图像"按钮，框选实际的尖点。找点的设置如图 4-3-29 所示。

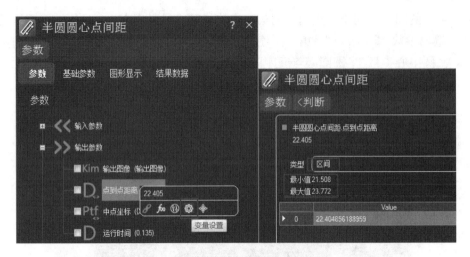

图 4-3-28　半圆圆心点间距尺寸判断

图 4-3-29　找点的设置

12）查找线 3

向正向测量工具组中添加找线工具，并命名为"查找线 3"。将"边缘选择"设置为"第一条边"，"搜索极性"设置为"从黑到白"，然后单击"注册图像"按钮，在图像显示区域框选工件的底边，箭头从黑到白垂直穿过该底边。查找线 3 的设置如图 4-3-30 所示。

13）点线距离测量

向正向测量工具组中添加点线距离测量工具，该工具用于测量尖点至底边的间距。点线距离的端点坐标连接到变量引用中"1 号位综合测量.正向测量.找点.输出参数.结果点"，直线坐标连接到变量引用中"1 号位综合测量.正向测量.查找线 3.输出参数.线坐标"。点线距离的设置及输出如图 4-3-31 所示。

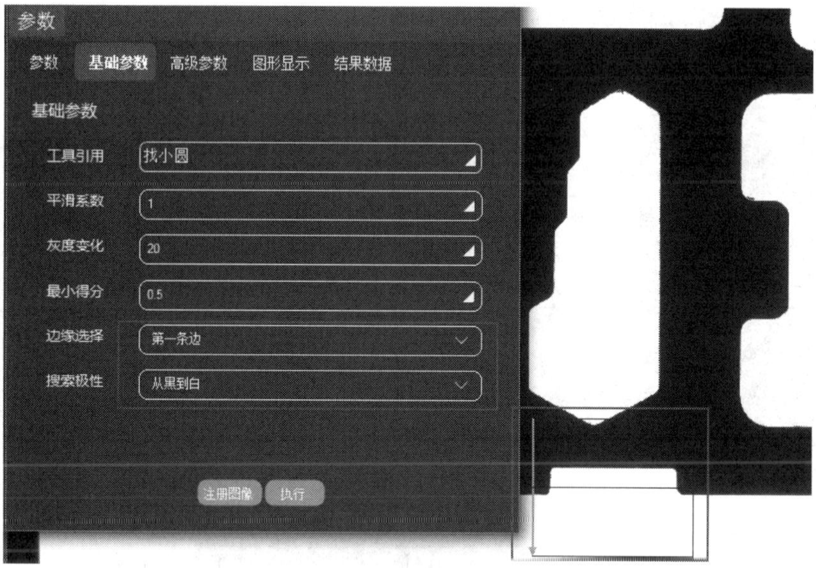

图 4-3-30　查找线 3 的设置

图 4-3-31　点线距离的设置及输出

点线距离测量完成后，再单击参数列表中"输出参数.距离"中的"变量设置"按钮，在弹出的对话框中设置参数的判断类型为"区间"，并设置区间的最小值和最大值分别为 5.3 和 6.5。5.3 和 6.5 分别是点线距的合格范围值，即该变量的设置用于判断输出的点线距尺寸是否合格。点线距尺寸判断如图 4-3-32 所示。

由于本任务中测的点线距尺寸为 3.416，不在 5.3 和 6.5 的合格范围内，故系统自动判定点线距离数据不合格，该点线测量工具及测量显示输出颜色会自动标记为红色，点线距的不合格判断如图 4-3-33 所示。

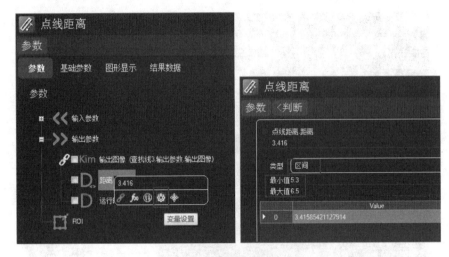

图 4-3-32　点线距尺寸判断

图 4-3-33　点线距的不合格判断

14）查找线 4

　　向正向测量工具组中添加找线工具，并命名为"查找线 4"。将"边缘选择"设置为"第一条边"，"搜索极性"设置为"从黑到白"，然后单击"注册图像"按钮，在图像显示区框选工件的斜边，箭头从黑到白垂直穿过该斜边。查找线 4 的设置如图 4-3-34 所示。

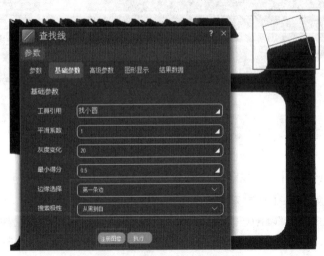

图 4-3-34　查找线 4 的设置

15）查找线 5

向正向测量工具组中添加找线工具，并命名为"查找线 5"。将"边缘选择"设置为"第一条边"，"搜索极性"设置为"从黑到白"，然后单击"注册图像"按钮，在图像显示区域框选工件的边线，箭头从黑到白垂直穿过该边线。查找线 5 的设置如图 4-3-35 所示。

图 4-3-35　查找线 5 的设置

16）线夹角测量

向正向测量工具组中添加线夹角测量工具，该工具用于测量斜边与边线的夹角。线夹角工具的直线一连接到变量引用中"1 号位综合测量.正向测量.查找线 4.输出参数.线坐标"，直线二连接到变量引用中"1 号位综合测量.正向测量.查找线 5.输出参数.线坐标"。线夹角的设置及输出如图 4-3-36 所示。

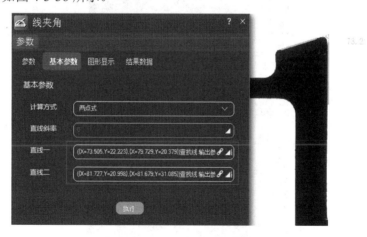

图 4-3-36　线夹角的设置及输出

线夹角测量完成后，再单击参数列表中"输出参数.两线夹角"中的"变量设置"按钮，在弹出的对话框中设置参数的判断类型为"区间"，并设置区间的最小值和最大值分别为 68.7135 和 75.9465。该变量的设置用于判断输出的线夹角尺寸是否合格。线夹角尺寸判断如图 4-3-37 所示。

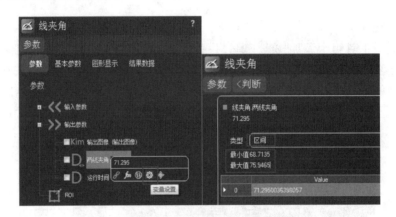

图 4-3-37　线夹角尺寸判断

6. 1号位测量模块——反向测量工具组

当方向判断工具组判断工件为反向放置时即执行反向测量工具组。反向测量工具组也是由二维码检测、找圆、大小圆圆心距、查找线、线间距、半圆圆心点间距、找点、点线距离、线夹角等工具组成的。反向测量与正向测量工具组类似，仅需将工件反向放置，后面不再一一赘述，具体可参考正向测量工具组。反向测量工具组流程如图 4-3-38 所示。

图 4-3-38　反向测量工具组流程

7. 2、3、4号位综合测量模块

2、3、4号位工件测量方法与1号位相同，也是先移动至2、3、4号工位并执行拍照工具组，然后通过所拍摄图片上的通孔判断工件的正反，最后根据判断结果执行正向测量或反向测量操作，具体操作可以参考1号位综合测量模块。2号位综合测量模块流程如图4-3-39所示。

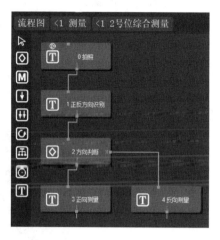

微课：机械零件屏幕尺寸
测量——拍照位二的设置

微课：机械零件屏幕尺寸
测量——完整程序配置

图4-3-39　2号位综合测量模块流程

8. 测量图像、测量数据文本的显示

根据任务要求，机械零件的平面尺寸检测完成后需在显示区划分4个窗口，用于显示4个工位工件的测量图像、测量数据文本及最终判断结果等信息，单个机械零件显示要求如图4-3-40所示。要实现上述功能需按顺序完成窗口划分、测量图像及数据绑定、测量数据文本的显示、OK/NG标签引用等操作，下面将对测量图像和测量数据文本的显示进行具体介绍。

大圆直径：14.957 大小圆心距：28.104 小圆心距：22.442
点线距离：14.028 线到线距离：14.028 两线夹角：73.273

二维码结果：14.81，28.13，22.64，5.92，13.96，72.33
工件1最终测量结果：NG

图4-3-40　单个机械零件显示要求

图 4-3-41　窗口划分

1）窗口划分

单击显示控制区的"添加"按钮，为显示区添加 4 个窗口，用于显示 4 个工位工件的测量图像和测量数据文本。窗口的划分如图 4-3-41 所示。

2）测量图像及数据绑定

在任意工位对应的窗口中右击，在弹出的快捷菜单中选择"绑定"→"自动绑定"选项，然后在"自动绑定"选项菜单中选中"Multiple Items"（多项目选项）复选框，最后将要显示的工具依次拖入对应工位的窗口中。

以 1 号工位的显示窗口为例，需在自动绑定中依次拖入正反测量工具组中的相机、二维码检测、找圆、找点、大小圆圆心距、线间距、半圆圆心点间距、点线距离、线夹角等工具。测量图像及数据绑定操作如图 4-3-42 所示。

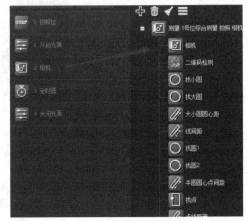

图 4-3-42　测量图像及数据绑定操作

3）测量数据文本的显示

根据任务要求，需显示 4 个工件的数据文本，包括大圆直径、大小圆圆心距、半圆圆心点间距、点线距离、线间距、线夹角及二维码检测等数据。要显示数据文本需将相应的数据输出拖入对应的显示窗口中，然后双击数据文本即可在格式化中对应修改显示数据文本的格式。

以显示 1 号位工件大圆直径的数据文本为例，需将"1 号位测量.找大圆.输出参数.圆直径"的数据对应拖入划分好的 1 号位显示窗口中，同时双击数据文本将显示格式修改为"大圆直径:{0}"，然后相应修改文本的字体和颜色。数据文本的显示设置如图 4-3-43 所示。

4）OK/NG 标签引用

任务要求每个工件的合格判断需以"OK/NG"的文本格式显示，同时判断合格时需以绿色文本显示，相反不合格时以红色文本显示。以 1 号位工件为例，需首先在 1 号工位图像任意处右击添加 ROI 标签，再把数据显示类型设置为"OK/NG"，然后变量引用至"1 号位综合测量.参数.结果",最后将标签的显示格式修改为"工件 1 最终测量结果判断：{0:NG:OK}"并选中自适应颜色，即：1 号位测量模块中所有工具组的结果均为 True 时，文本显示绿色"OK"文本；相反，当 1 号位测量模块中有任意工具被判断为 False 时，文本显示红色"NG"文本。1 号位测量结果的"OK/NG"标签的引用如图 4-3-44 所示。

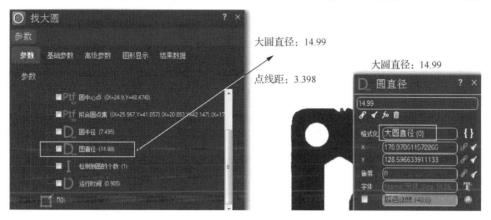

图 4-3-43　数据文本的显示设置

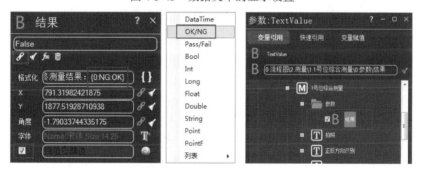

图 4-3-44　1 号位测量结果的"OK/NG"标签引用

任务评价

任务评价如表 4-3-1 所示。

表 4-3-1　任务评价

基本信息	机械零件平面尺寸综合测量之脚本编写与检测任务					
	班级		学号		分组	
	姓名		时间		总分	
项目内容	评价内容		分值	自评	小组互评	教师评价
任务考核（60%）	操作软件完成机械零件平面尺寸综合测量		60			
	描述脚本编写与检测工作流程		40			
任务考核总分			100			

续表

项目内容	评价内容	分值	自评	小组互评	教师评价
素养考核（40%）	操作安全、规范	20			
	遵守劳动纪律	20			
	分享、沟通、分工、协作、互助	20			
	资料查阅、文档编写	20			
	精益求精、追求卓越	20			
	素养考核总分	100			

 任务拓展

请同学们总结在本任务中使用到的命令，总结它们的异同，并思考一下，能否换一些命令，完成同样的检测任务。

 知识链接

知识点 4.3.1　像素精度

在前面的课程中，我们学习了基本的针孔相机模型：外部世界的光线经过光心投影到相机靶面，所形成的图像与目标物体之间存在等比例的缩放关系，因此可以通过测量图像上物体的尺寸得到物体真实的尺寸。

像素精度其实是指一个像素在真实世界中代表的距离，即拍摄视野/分辨率。

例如，一台 500 万像素的相机，分辨率为 2448 像素×2048 像素，假定在视野中长的一边刚好可拍到 100mm 的物体，如图 4-3-45 所示，那么我们可以得到一个像素点与真实世界的距离的比例为 100mm/2448，约为 0.04mm，即像素精度为 0.04mm。之后在图像中测得 A′、B′ 两点之间的距离为 300 像素，那么 A、B 两点的实际距离就是像素数乘以像素精度，即 300×0.04mm=12mm。

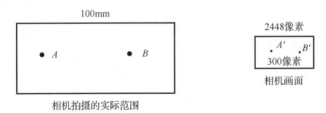

图 4-3-45　像素精度

知识点 4.3.2　霍夫变换

在机械零件检测中会广泛使用到边缘检测，还有直线、曲线等检测。

霍夫变换（Hough transform）可用于对指定直线进行检测。下面以直线检测为例，说明霍夫变换的实现原理。

直线的方程表示可以由斜率和截距表示（这种表示方法称为斜截式），即

$$y = kx + b$$

如果用参数空间表示，则为(k,b)，即用斜率和截距就能表示一条直线。但是垂直线的斜率不存在（或无限大），这使得斜率参数 k 的值接近于无限。为此，可以将其转换到极坐标系下：

$$\rho = x\cos\theta + y\sin\theta$$

式中，ρ 是原点到直线的距离；θ 是 x 轴与连接原点和最近点直线之间的夹角，如图 4-3-46 所示。这样就可以得到一个参数空间，可以将图像的每一条直线与一对参数 (ρ,θ) 相关联。这个参数所在的 $\rho - \theta$ 平面有时被称为霍夫空间，用于二维直线的集合。

因此，可以得到一个结论：如果给定平面中的单个点，那么通过该点的所有直线的集合对应于 $\rho - \theta$ 平面中的一条正弦曲线，如图 4-3-47 所示。两个或更多点形成的直线，将在 $\rho - \theta$ 平面上形成两条或更多条正弦曲线，其交点处的 (ρ,θ) 值即为曲线的斜率与截距。因此，检测共线点的问题可以转化为找到并发曲线的问题。

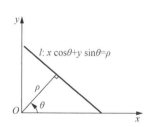

图 4-3-46　直角坐标系下 ρ、θ 的关系

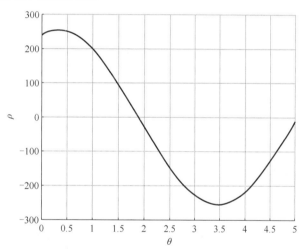

图 4-3-47　$\rho - \theta$ 平面中的正弦曲线

因此，标准霍夫变换的步骤就很明了了：

（1）对图片进行边缘检测，得到二值边缘图像。

（2）将图像中的每个非零点都转换为 $\theta - \rho$ 平面中的一条曲线。转换方法如下：

对于图像平面中的一个非零点 (x_0, y_0)，使 θ 由 0 向 2π 变化，分别通过下式计算所对应的 ρ 值：

$$\rho = x_0 \cos\theta + y_0 \sin\theta$$

可以得到一系列点，这些点组成点 (x_0, y_0) 在 $\theta - \rho$ 平面中对应的曲线。

（3）在 $\theta - \rho$ 平面中对所有结果进行累加，则图像平面中的直线将显示为 $\theta - \rho$ 平面中的局部极大值。

（4）根据所设定的阈值对局部极大值进行筛选，得到最终的结果。

📝 工作手册

姓名：	学号：	班级：	日期：

机械零件平面尺寸综合测量之脚本编写与检测工作手册

任务接收

表 4.3.1　任务分配

序号	角色	姓名	学号	分工
1	组长			
2	组员			
3	组员			
4	组员			
5	组员			

任务准备

表 4.3.2　工作方案设计

序号	工作内容	负责人
1		
2		
3		
4		

表 4.3.3　实训设备、工具与耗材清单

序号	名称	型号与规格	数量	备注
1				
2				
3				
4				
5				

领取人：　　　　归还人：

任务实施

（1）完整的机械零件平面尺寸综合测量视觉程序应包括 XY 标定、1～4 号位机械零件测量及测量数据显示等一系列软件操作。

课堂
笔记

表 4.3.4　任务实施 1

操作	描述
XY 标定	
1～4 号位机械零件测量	
测量数据显示	
负责人		验收签字	

（2）描述脚本编写与检测工作流程。

表 4.3.5　任务实施 2

内容	描述
脚本编写与检测 工作流程	
负责人		验收签字	

任务拓展

请同学们总结在本任务中使用到的命令，总结它们的异同，并思考一下，能否换一些命令完成同样的检测任务。

课后作业

小组合作，用 PPT 展示以下内容：

（1）尺寸检测的整体流程；

（2）找圆、线、点线距等工具的使用方法；

（3）描述检测数据结果显示后的界面有哪些元素，并进行分析。

5

项目

芯片及连接器引脚检测

>>>>>

◎ **项目导入**

从芯片设计开始，就应考虑到如何测试、是否应添加面向检测的设计（design for testing，DFT）、是否可以通过设计功能自测试减少对外围电路和测试设备的依赖。

（1）功能测试。功能测试是对芯片的功能进行全面测试的方法。通过设计一系列的测试用例，覆盖芯片的各项功能，验证芯片在不同工作模式下的表现。功能测试可以检测芯片是否按照设计要求正常工作、是否能够满足产品的功能需求。

（2）电气测试。电气测试是芯片检测中最常见的一种方法。通过对芯片的电学特性进行测试，可以检测出电路连接是否正确、电气参数是否在规定范围内等问题。电气测试通常包括输入输出特性测试、功耗测试、时序测试等，用于验证芯片的性能和稳定性，并发现潜在的问题。

（3）可靠性测试。可靠性测试是对芯片在不同环境条件下进行测试，评估芯片的寿命和稳定性。这种测试常常包括温度循环测试、湿度测试、振动测试等。通过可靠性测试，可以了解芯片在各种极端条件下的表现，评估其耐用性和稳定性。

（4）安全性测试。安全性测试是对芯片的安全特性进行评估和验证的方法。通过模拟黑客攻击、漏洞扫描、加密解密等测试，可以发现芯片中存在的安全漏洞，并提供相应的解决方案。安全性测试对于芯片在网络连接和数据处理方面的安全至关重要。

（5）环境适应性测试。芯片通常会在各种复杂的环境条件下被使用，如高温、低温、高湿度等，环境适应性测试可以模拟这些环境条件，测试芯片在不同环境下的性能和稳定性。这种测试可以帮助开发人员了解芯片在实际应用中的可靠性和适应性。

◎ **学习目标**

知识目标

1. 了解芯片的发展及其组成；
2. 掌握芯片检测的内容、引脚检测方法。

能力目标

1. 能正确进行芯片质量检测；
2. 能够进行脚本的编写，实现自动化芯片质量检测。

素质目标

1. 培养全局思维，善于透过现象看本质；
2. 树立团队协作意识，增强沟通能力和问题分析能力。

任务 5.1

认识芯片及连接器引脚检测任务

任务描述

在工业生产中，芯片已经占据了绝大部分的数码产品市场，芯片的制造、装配、检测工艺也日趋成熟。但在现今的自动化设备生产中，芯片引脚等由人工检测，效率低、误检率高。根据芯片引脚检测的需要，在厂家将芯片封装前，需要对芯片的引脚进行检测，主要检测芯片引脚的偏移、缺失及长度等。

某芯片制造厂家为了对芯片的成品质量进行检测，购置了一批机器视觉系统设备，专门用于芯片及连接器引脚的相关测试，你作为该设备的技术员，需要了解该设备的工作原理，以保证后续任务的顺利进行。

任务要求

小组合作，查找资料，采用手绘海报的方式介绍芯片及连接器引脚检测任务：

（1）描述工业视觉测量技术的原理及优势；

（2）描述机器视觉测量芯片引脚的特点；

（3）描述芯片及连接器引脚检测步骤；

（4）描述芯片引脚检测目标算法。

任务准备

机器视觉系统应用实训平台、配套器件箱、工具箱、实训器材。

（1）以 4～6 人为一个小组；

（2）各小组使用个人计算机或手机上网查找资料；

（3）各小组准备 A3 白纸、勾线笔、12 色以上马克笔、直尺、橡皮擦若干。

任务实施

（1）描述工业视觉测量技术的原理及优势；

（2）描述机器视觉测量芯片引脚的特点；

（3）描述芯片及连接器引脚检测步骤；

（4）描述芯片引脚检测目标算法；

（5）各小组依次答辩展示。

任务评价

任务评价如表 5-1-1 所示。

表 5-1-1 任务评价

基本信息	认识芯片及连接器引脚检测任务					
	班级		学号		分组	
	姓名		时间		总分	
项目内容	评价内容		分值	自评	小组互评	教师评价
任务考核（60%）	描述工业视觉测量技术的原理及优势		20			
	描述机器视觉测量芯片引脚的特点		20			
	描述芯片及连接器引脚检测步骤		40			
	描述芯片引脚检测目标算法		20			
	任务考核总分		100			
素养考核（40%）	操作安全、规范		20			
	遵守劳动纪律		20			
	分享、沟通、分工、协作、互助		20			
	资料查阅、文档编写		20			
	精益求精、追求卓越		20			
	素养考核总分		100			

 任务拓展

查询资料，论述 AOI 的基本原理与设备构成。

知识链接

知识点 5.1.1　工业的机器视觉测量技术原理

工业的机器视觉测量技术（或称数字近场摄影测量技术）是一种立体视觉测量技术，其测量系统结构简单，便于移动，数据采集快速、便捷，操作方便，测量成本较低，且具有在线、实时三维测量的潜力。

微课：测量

这种非接触测量方法既可以避免对被测对象的损坏，又适合被测对象不可接触的情况，如高温、高压、流体、环境危险等的场合；同时机器视觉系统可以同时对多个尺寸一起测量，实现了测量工作的快速完成，适于在线测量；而对于微小尺寸的测量又是机器视觉系统的长处，它可以利用高倍镜头放大被测对象，使得测量精度达到微米以上。

对产品尺寸的测量包括产品的一维、二维和三维尺寸测量，机器视觉测量方法不但速度快、非接触、易于自动化，而且精度高。其中，相机与镜头相结合可以进行细微的尺寸测量，如加工件测量、芯片测量等。

利用相机可以获得三维物体的二维图像，即可以实现实际空间坐标系与摄像机平面坐标系之间的透视变换。通过由多个摄像机从不同方向拍摄的两帧（或两帧以上）的二维图像，即可综合测出物体的三维曲面轮廓或三维空间点位、尺寸。

目前利用机器视觉测量技术能够达到的最高精度已经达到亚微米级以上，能够满足现阶段绝大部分自动化生产上的精度要求，通过机器视觉系统进行测量定位能让生产线速度更快，生产效率更高。

知识点 5.1.2　机器视觉测量的优势

（1）机器视觉测量采用先进的亚像素级物体曲面扫描方法，可满足高质量点云扫描需要。系统采用高分辨率数码工业相机采集影像数据，通过光源在物体表面的条纹，可在几秒内获得任何复杂表面的密集点云（具体密度依被测物体尺寸、相机分辨率和测量距离而定，一般情况下点距为 0.05～0.5mm），系统采用的分辨率为 130 万～500 万像素不等，能够满足不同客户的使用需求。

（2）机器视觉测量真彩物体曲面重建方法。视觉测量设备系统采用先进的图像纹理分析与获取技术，在进行三维数据重构的同时可保持物体表面的真彩显示。该项技术较好地保留了被测物体的本色，可最大程度地还原物体的真实物理特征。

（3）机器视觉测量全自动拼接方法。不同视角的影像数据依靠物体本身的纹理自动拼合在统一坐标系内，从而可获得三维影像整体扫描数据。针对纹理丰富的物体进行扫描时，系统无须在物体表面粘贴任何参考点，就能够完成拼接功能，可大大提高拼接效率。

（4）测量系统精度对硬件设备的依赖程度最低。整个系统的光学校准模块采用超高精度的半导体工艺产品，可最大限度地提高校准精度。软件在采集过程中可实时地进行误差纠正，对镜头的多处畸变也可进行严格的纠正处理。

（5）机器视觉测量系统设置简单，使用方便。在三维扫描仪的整体开发过程中，坚持"软件能处理的，绝不让用户处理"的理念，使整个系统的用户设置参数数量降到最低。扫描软件在运行期会以更加精确的方式动态计算出所需要的参数值，不仅避免了用户手动参与的不必要设置工作，而且也使整个系统的适应范围更广，自动化程度更高，人为出错的可能性更低。

知识点 5.1.3　机器视觉测量芯片引脚的特点

1. 非接触性

作为一个精确的检测设备，机器视觉检测通过分析处理被测对象图像，对此对象进行测量，测量过程中并不需要接触，所以对被测对象没有磨损和危险，实现了无损检测。

2. 连续性

机器视觉检测系统的优势是显而易见的，因为人有情绪，会疲劳，把人用作机器是不可靠的。与人眼相比，机器不仅不会疲劳，而且具有人所不具有的一致性和重复性，能长时间不间断运作。

此外，由于没有人工操作者，也就没有了人为造成的操作变化，多个系统能设定单独运行。

3．精确性

近年来，由于芯片封装的小型化，生产的复杂程度增加，生产率却不断增强，加上各种新型元器件的广泛使用，使得在半导体芯片的封装和装配流水线上仅仅使用人眼进行检测操作已经不能保证生产线的质量和效率。检测的速度和精确度在很长时间内，是制约芯片产能和质量进一步提高的瓶颈。

如何具有与封装生产相匹配的速度，实现 99.99% 的在线检测，一直是半导体制造商最为关注的问题。而检测速度和精确性正是机器视觉检测具备的一个明显优势，日新月异的机器视觉检测系统正在代替人进行全自动的产品检测。

4．经济性

随着视觉检测技术的逐步成熟及硬件设备价格的降低，机器视觉检测的经济性逐渐显现出来。一套机器视觉检测系统能代替多个人工检测者。另外，机器视觉检测的操作和维持费用普遍比较低。

5．可扩展性

机器视觉系统能够进行各种不同的测量。机器视觉系统比光学和机器传感器具有更好的适应性、多样性、灵活性和可重组性。当需要改变检测过程时，对机器视觉系统来说，"工具更换"仅仅是更新软件，而非升级昂贵的硬件。当生产线重组之后，机器视觉系统往往可以被保留下来而继续使用。

知识点 5.1.4　芯片及连接器引脚检测步骤

1．硬件选型、安装、接线

（1）将相机、镜头、光源安装在合理位置（注意工作距离），保证安装稳固，连接镜头与相机的螺纹圈须拧紧；镜头调试好之后，用顶丝锁紧对焦环及光圈环。

（2）走线正确规范、整洁、牢固，物理接口选择正确。

（3）输出选型计算过程，记录参数设置、安装结果。

2．视觉软件的 PLC 控制工具运行测试

（1）控制 X、Y、Z 轴移动料盘，示教芯片测量任务中六个检测拍照位置；

（2）控制 X、Y、Z 轴移动料盘，示教连接器测量任务中两组共四个检测拍照位置。

3．光源控制工具运行测试

（1）连接光源控制器正常，能控制多个光源亮灭；

（2）设置各个光源不同的亮度值；

（3）配合 PLC 工具，实现光源频闪功能正常。

4．相机工具运行测试

（1）测试相机能正常连接；

（2）图像对焦清晰（芯片和连接器边缘清晰），视野大小合适；

（3）与光源控制工具配置，设置合适的相机参数（包括曝光、增益等参数）。

5．相机标定工具运行测试

（1）把标定板放置到合适位置，设置合适的标定参数，完成相机标定；

（2）保存标定数据结果到配置文件。

知识点 5.1.5　芯片引脚检测目标算法

在机器人视觉应用技术中，芯片引脚检测主要是基于静态图片的目标检测算法，即在静态图片中检测并定位所设定种类的目标。基于静态图片的目标检测的难点主要在于图片中的目标会因光照、视角及目标内部等变化而产生变化。由于成像系统、传输介质和记录设备等的不完善，数字图像在其形成、传输记录过程中往往会受到多种噪声的污染。另外，在图像处理的某些环节当输入的图像对象并不如预想时也会在结果图像中引入噪声。这些噪声在图像上常表现为一引起较强视觉效果的孤立像素点或像素块。一般情况下，噪声信号与要研究的对象不相关，它以无用的信息形式出现，扰乱图像的可观测信息。对于数字图像信号，噪声表现为或大或小的极值，这些极值通过加减作用于图像像素的真实灰度值上，对图像造成亮、暗点干扰，极大地降低了图像质量，影响图像复原、分割、特征提取、图像识别等后续工作的进行。要构造一种有效抑制噪声的滤波器必须考虑两个基本问题：能有效地去除目标和背景中的噪声；同时，能很好地保护图像目标的形状、大小及特定的几何和拓扑结构特征。

针对以上难点，提出的方法主要分为基于形状轮廓的目标检测算法和基于目标特征的检测方法，下面主要介绍基于目标特征的检测方法。

1．角点检测

角点是图像的重要特征，图像图形是否能够被计算机视觉系统所识别和分析，离不开角点的作用。角点检测又称为特征点检测，这也是计算机视觉系统获取图像特征的一种方法，已经被广泛应用。在视频跟踪、三维建模、图像匹配和目标识别领域中。芯片引脚检测也使用此方法，通过对相机获取的图像的各个角点进行检测、定位，从而获得相关的数据来检测引脚。

角点通常被定义为两条边的交点，准确来说，角点的部分领域应该具有两个不同范围和不同方向的边界。芯片引脚检测中的找点、找线就是找角点，通过角点检测可以将芯片中各个引脚的长宽检测出来。

现有的角点检测算法并不是都十分的稳定。很多方法都要求有大量的训练集和冗余数据来防止或减少错误特征的出现。角点检测方法的一个很重要的评价标准是其对多幅图像中相同或相似特征的检测能力，并且能够应对光照变化、图像旋转等图像变化。

角点检测方法大多是基于灰度图像的角点检测。

2．角点检测的主要分类

1）基于亮度变化的角点检测

该算法基于角点响应函数（corner response function，CRF）对每个像素基于其模板邻域的图像灰度计算 CRF 值，如果大于某一阈值且为局部极大值，则认为该点为角点。

2）基于边缘特征的角点检测

芯片引脚最先就是基于这种测量得到检测模板的，它主要分成三个步骤：首先，对图像进行预分割；其次，对预分割后得到的图像中的边界轮廓点进行顺序编码，得到边缘轮廓链码；最后，根据边缘轮廓链码对图像中的角点进行描述和提取。边缘检测的主要应用有：芯片引脚是否规则整齐检测、目标定位及存在/缺陷检测等。

3）基于模板的角点检测

一般首先建立一系列具有不同角度的角点模板，然后在一定的窗口内比较待测图像与标准模板之间的相似程度，以此来检测图像中的角点。基于模板的方法主要考虑像素邻域点的灰度变化，即图像亮度的变化，将与邻点亮度对比足够大的点定义为角点。首先设计一系列角点模板，然后计算模板与所有图像子窗口的相似性，以相似性判断在子窗口中心的像素是否为角点。

3．芯片引脚边缘检测相关算法的步骤

1）滤波

边缘检测算法主要是基于图像强度的一阶和二阶导数，但导数的计算对噪声很敏感，因此必须使用滤波器来改善与噪声有关的边缘检测器的性能。需要指出的是，大多数滤波器在降低噪声的同时也导致了边缘强度的损失，因此，增强边缘和降低噪声之间需要折中。

2）增强

增强边缘的基础是确定图像各点邻域强度的变化值。增强算法可以将邻域（或局部）强度值有显著变化的点突显出来。边缘增强一般是通过计算梯度幅值来完成的。

3）检测

在图像中有许多点的梯度幅值比较大，而这些点在特定的应用领域中并不都是边缘，所以应该用某种方法来确定哪些点是边缘点。最简单的边缘检测判据是梯度幅值阈值判据。

4）定位

如果某一应用场合要求确定边缘位置，则边缘的位置可在子像素分辨率上来估计，边缘的方位也可以被估计出来。

在芯片引脚边缘检测算法中，前三个步骤用得十分普遍。这是因为在大多数场合中，

仅仅需要边缘检测器指出边缘出现在图像某一像素点的附近，而没有必要指出边缘的精确位置或方向。它的实质是采用某种算法来提取出图像中对象与背景之间的交界线。可以将边缘定义为图像中灰度发生急剧变化的区域边界。图像灰度的变化情况可以用图像灰度分布的梯度来反映，因此我们可以用局部图像微分技术来获得边缘检测算子。经典的边缘检测方法，是通过对原始图像中像素的某小邻域构造边缘检测算子来达到检测边缘这一目的的。

 工作手册

姓名：		学号：		班级：		日期：	
			认识芯片及连接器引脚检测任务工作手册				

任务接收

表 5.1.1　任务分配

序号	角色	姓名	学号	分工
1	组长			
2	组员			
3	组员			
4	组员			
5	组员			

任务准备

表 5.1.2　工作方案设计

序号	工作内容	负责人
1		
2		
3		
4		

表 5.1.3　实训设备、工具与耗材清单

序号	名称	型号与规格	数量	备注
1				
2				
3				
4				
5				
6				
7				
领取人：	归还人：			

课堂笔记

任务实施

（1）描述工业视觉测量技术的原理及优势。

表 5.1.4　任务实施 1

内容	描述	
工业视觉测量技术的原理及优势		
负责人		验收签字

（2）描述机器视觉测量芯片引脚的特点。

表 5.1.5　任务实施 2

内容	描述	
机器视觉测量芯片引脚的特点		
负责人		验收签字

（3）描述芯片及连接器引脚检测步骤。

表 5.1.6　任务实施 3

内容	描述	
芯片及连接器引脚检测步骤		
负责人		验收签字

（4）描述芯片引脚检测目标算法。

表 5.1.7　任务实施 4

内容	描述	
芯片引脚检测目标算法		
负责人		验收签字

课堂
笔记

任务拓展

查询资料，论述 AOI 的基本原理与设备构成。

课后作业

小组合作，用 PPT 展示以下内容：

（1）工业视觉测量技术的原理及优势；

（2）机器视觉测量芯片引脚的特点；

（3）芯片及连接器引脚检测步骤；

（4）芯片引脚检测目标算法。

课堂
笔记

任务5.2

芯片及连接器引脚检测之设备选型与组装

任务描述

某芯片制造厂家为了对芯片的成品质量进行检测，购置了一批机器视觉系统设备，专门用于芯片及连接器引脚的相关测试，你作为该设备的技术员，首先需要了解该设备的工作原理，然后需要进行芯片及连接器引脚检测设备选型，最后进行设备组装。选型主要包括相机、镜头、光源等的选型；组装主要是将选型的设备进行安装、接线，确保加电正常，保证后续任务的顺利进行。

任务要求

小组合作，查找资料，完成芯片及连接器引脚检测的设备选型与组装，具体如下：

（1）相机选型；

（2）镜头选型；

（3）光源选型；

（4）视觉组件装配。

任务准备

准备机器视觉系统应用实训平台、配套器件箱、工具箱、实训器材。

🔧 任务实施

根据芯片样品的实际大小，选用 500 万像素（2448×2048）的黑白相机，镜头选择远心镜头，光源选择白色面背光源，配备相机连接线和网络连接线，构成一套完整的视觉系统。进行硬件架设时注意镜头与样品的距离，确保样品在相机视野范围内的占比为 1/3～2/3。

1. 相机选型

因需遵循测量精度最高原则，故而从测量及高精度去选择，高精度相机中有两款 500 万像素相机，分别为彩色和黑白，因为同等像素的彩色相机采用的是 Bayer 彩色阵列结构，这种结构输出的彩色图像其灰度值是不完全精确的，在任务中如果不需要采集被测样品的色彩信息，优先选择同等像素的黑白相机，所以要选择 500 万像素黑白相机，像素尺寸为 3.45μm。因为靶面尺寸=分辨率×像素尺寸，所以该相机的靶面尺寸为 8.45mm×7.07mm。

2. 镜头选型

为保证样品在视野范围内的占比为 1/3～2/3，芯片长为 18mm，已有 12mm、25mm、35mm 镜头，按其最小工作距离计算所得的视野范围均无法达到要求，选用 0.3 倍的镜头，代入公式视野范围=靶面尺寸/放大倍率，即拍摄的视野范围是 28.17mm×23.57mm，所以选择远心镜头。

3. 光源选型

因为检测芯片上的引脚左右歪斜，经过换用不同光源进行检测，发现检测的数据均为芯片轮廓，所以为了保证检测需求，图像效果应该突出齿部的对比度。开启背光源后，采集的图像对比度较高，特征更为明显，故选取光线照射均匀且能清晰反映芯片轮廓的白色平行面光源，即选择背光源。

4. 视觉组件装配

组装远心镜头和相机 B。打开镜头盖子，将远心镜头和相机旋钮在一起。选择合适的螺母，用六角扳手把快换板和相机连接起来。选择竖向的快换板，将视觉安装夹具组装在 z 轴相机连接件上，然后将 z 轴相机连接件安装在 z 轴上。再组装中号环形光源。用螺母将中号环形光源固定在中号环形光源固定件上，将固定件安装在 z 轴上，完成中号环形光源的安装。最后用视觉安装夹具夹住快换板，这样相机也装好了。

安装好光源和相机后，拧动旋钮固定相机，连接录像机网线和相机电源线，并将其安放在坦克链中，背光源连接 CH1，中号环形光源连接 CH2。注意：所有线要用扎带或坦克链固定好。

装配好的视觉组件如图 5-2-1 所示。

图 5-2-1　装配好的视觉组件

任务评价

任务评价如表 5-2-1 所示。

表 5-2-1　任务评价

基本信息	芯片及连接器引脚检测之设备选型与组装任务					
	班级		学号		分组	
	姓名		时间		总分	
项目内容	评价内容		分值	自评	小组互评	教师评价
任务考核（60%）	相机选型		25			
	镜头选型		25			
	光源选型		25			
	视觉组件装配		25			
	任务考核总分		100			
素养考核（40%）	操作安全、规范		20			
	遵守劳动纪律		20			
	分享、沟通、分工、协作、互助		20			
	资料查阅、文档编写		20			
	精益求精、追求卓越		20			
	素养考核总分		100			

任务拓展

描述本任务视觉组件中各个模块的功能和意义。

知识链接

知识点 5.2.1　相机及图像处理

1．曝光

曝光对照片质量的影响很大，如果曝光过度，则照片过亮，失去图像细节；如果曝光不足，则照片过暗，同样会失去图像细节。控制曝光就是控制点的光通量，也就是曝光过程中到达 CCD/CMOS 表面的光子的总和。

2．增益

增益是指经过双采样之后的模拟信号的放大增益。由于在对图像信号进行放大的过程中同时也会放大噪声信号，因此通常把放大器增益设为最小。

3．伽马变换

在图像处理中，对漂白（相机过曝）的图片或过暗（曝光不足）的图片进行修正。当伽马（gamma）值小于 1 时，会拉伸图像中灰度级较低的区域，同时会压缩灰度级较高的部分，提高图像对比度；当伽马值大于 1 时，会拉伸图像中灰度级较高的区域，同时会压缩灰度级较低的部分。

知识点 5.2.2 **远心镜头及视野范围计算**

1. 远心镜头

对于普通工业镜头，目标物体越靠近镜头（工作距离越短），所成的像就越大。在使用普通镜头进行尺寸测量时，会存在被测量物体不在同一个测量平面而造成放大倍率的不同、镜头畸变大、镜头的解析度不高等问题。远心镜头主要是为纠正传统工业镜头视差而设计的，它可以在一定的物距范围内，使得到的图像放大倍率不会变化，这对被测物不在同一物面上的情况是非常重要的应用。

本套设备选用的是如图 5-2-2 所示的放大倍率为 0.3、工作距离为（100±2）mm 的远心镜头。该远心镜头参数如表 5-2-2 所示。

图 5-2-2　远心镜头

表 5-2-2　远心镜头参数

型号		HN-TCL03-110-C2/3
靶面尺寸		2/3″
支持像素尺寸/μm		最小 2.4
放大倍率 $\beta(x)$		0.3
物方工作距 WD/mm		110±2
光学总长/mm		118±0.1
法兰距/mm		17.526±0.2
光圈范围（F 数）		F2.8～F165.6
物方景深 DOF/mm		±2.5@F5.6
像质	光学畸变	<0.02%
	远心度	<0.04%
像方		>170
滤镜尺寸（前螺纹）		M27xP0.5-7H
接口		C口
尺寸（D×L）/（mm×mm）		$\phi56.0×118$（不含螺纹）

2. 远心镜头拍摄视野范围计算

远心镜头的放大倍率决定镜头的视野范围，放大倍率=靶面尺寸/视野范围，也就是说放大倍率越大，成的像越大。

已知相机的分辨率为 2448 像素×2048 像素，像素尺寸为 3.45μm，选用 0.3 倍的镜头，那么可以拍摄的视野范围是多少呢？

首先计算出相机芯片的大小为 8.45mm×7.07mm，选用 0.3 倍的镜头，代入公式视野范围=靶面尺寸/放大倍率，即拍摄的视野范围是 28.17mm×23.57mm。

知识点 5.2.3　远心镜头的优点

1．拍摄图像无视差

在机器视觉应用中，大部分检测物体是三维空间的，具有平面特征和深度特征。非远心镜头在拍摄物体时，深度特征会随着深度尺寸的大小对平面特征造成影响，远心镜头的远心光路设计可以保证成像时不会产生视差，成像的效果就是产品俯视投影的效果。

2．超大景深

因为弹簧样品的钢丝是螺旋线结构，相对镜头聚焦来说就有一定的前后深度。在实际调整物距和镜头聚焦时，无论如何调整也没办法使得前后的钢丝达到同时清晰聚焦。远心镜头具有超大景深，视场范围内的产品，无论如何调整都能获得清晰的图像。

3．有效避免折反光干扰

无论是何种视觉检测，外加合适的光源肯定是保证成像的关键，对于大多数项目来说首先考虑的是采用市面上有的、成熟的标准光源，因为不是单独系统设计，在使用这些光源成像的过程中肯定会有很多不需要的角度光，这些角度光经过拍摄物发生折射后会影响有效特征的图像质量，严重的甚至造成有效特征图像无法使用。利用远心镜头的成像原理，可以有效解决这个问题。

4．固定的光学倍率

对于成像物距无穷远的镜头，在景深范围内，不同的物距会有不一样的倍率，在拍摄过程中会出现一种"近大远小"的视觉效果。远心镜头具有固定倍率，可以直接避免这个问题。

知识点 5.2.4　中号环形光源

通过机器视觉系统应用实训平台的使用能够让使用者理解光源的类型、颜色、角度等对视觉应用的影响，能够根据应用需要选用合适的光源。光源有背光、环形（三种角度光源，能够组合成一个 AOI 光源）等多种常见光源形式，光源的亮度可以手动调节，也可以由软件编程控制。

本任务中用的中号环形光源如图 5-2-3 所示，它的发光面外径为 120mm，内径为 80mm，发光角度为与水平面成 45°，颜色为绿色。

图 5-2-3　中号环形光源

知识点 5.2.5　标定板 A

标定板（图 5-2-4）在机器视觉、图像测量、摄影测量、三维重建等应用中，用于校正镜头畸变，确定物理尺寸和像素间的换算关系，以及确定空间物体表面某点的三维几何位置与其在图像中对应点之间的相互关系，因此需要建立相机成像的几何模型。机器视觉系统共配备两张标定板，本任务要用到的是标定板 A，其包含 3 个图案，参数如表 5-2-3 所示。

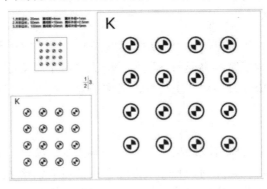

图 5-2-4　标定板

表表 5-2-3　标定板 A 的参数　　　　　　　　　　　　　　（单位：mm）

类别	外框尺寸	圆/格间距	外圆环直径	内圆环直径	精度
标定板 A	100×100	20	5	3	±0.01
	50×50	10	2.5	1.5	±0.01
	20×20	4	1	0.6	±0.01

校正畸形：在利用机器视觉技术进行精度测量或检测时，镜头本身存在的畸变是不可避免的，而使用标定板则可以在机器视觉、图像测量、三维重建等应用中校正镜头畸变，有效保障成像精度。

确定关系：使用标定板可以确定物理尺寸和像素间的换算关系，确定空间物体表面某点的三维几何位置与其在图像中对应点之间的相互关系，使得所成图像能够更加准确。

📝 工作手册

姓名：	学号：	班级：	日期：
芯片及连接器引脚检测之设备选型与组装工作手册			

任务接收

表 5.2.1　任务分配

课堂
笔记

序号	角色	姓名	学号	分工
1	组长			
2	组员			

续表

序号	角色	姓名	学号	分工
3	组员			
4	组员			
5	组员			

任务准备

表 5.2.2 工作方案设计

序号	工作内容	负责人
1		
2		
3		
4		

表 5.2.3 实训设备、工具与耗材清单

序号	名称	型号与规格	数量	备注
1				
2				
3				
4				
5				
6				
7				

领取人：　　　　　归还人：

任务实施

（1）相机选型。

表 5.2.4 任务实施 1

内容	描述		
相机选型			
效果及问题			
负责人		验收签字	

（2）镜头选型。

表 5.2.5　任务实施 2

内容	描述	
镜头选型		
效果及问题		
负责人		验收签字	

（3）光源选型。

表 5.2.6　任务实施 3

内容	描述	
光源选型		
效果及问题		
负责人		验收签字	

（4）视觉组件装配。

表 5.2.7　任务实施 4

内容	描述	
视觉组件装配		
效果及问题		
负责人		验收签字	

任务拓展

描述本任务视觉组件中各个模块的功能和意义。

课后作业

小组合作，用 PPT 展示以下内容：

（1）相机的功能、分类、选型计算；

（2）镜头的功能、分类、选型计算；

（3）光源的功能、分类、选型计算；

（4）标定板的使用方法。

 任务描述

某芯片制造厂家为了对芯片的成品质量进行检测，购置了一批机器视觉系统设备，专门用于芯片及连接器引脚的相关测试，你作为该设备的技术员，在了解该设备的工作原理、设备选型、组装硬件的基础上，进行如下软件操作，并完成检测任务。

1. 运行并测试视觉软件的 PLC 控制工具

（1）控制 X、Y、Z 轴移动料盘，示教芯片测量任务中六个检测拍照位置；
（2）控制 X、Y、Z 轴移动料盘，示教连接器测量任务中两组共四个检测拍照位置。

2. 运行并测试光源控制工具

（1）连接光源控制器正常，控制多个光源的亮灭；
（2）设置各个光源不同的亮度值；
（3）配合 PLC 工具，实现光源频闪功能正常。

3. 运行并测试相机工具

（1）测试相机能正常连接；
（2）图像对焦清晰（芯片和连接器边缘清晰），视野大小合适；
（3）与光源控制工具配置，设置合适的相机参数（包括曝光、增益等参数）。

4. 运行并测试相机标定工具

（1）把标定板放置到合适位置，设置合适的标定参数，完成相机标定；
（2）保存标定数据结果到配置文件。

任务要求

1. 芯片引脚测量任务

本任务为完成芯片（样品 A）的测量，芯片规格：大小 18mm×10mm，数量 6 个；料盘总尺寸长 202mm，宽 121mm，要求使用远心镜头，遵循测量精度最高原则进行硬件选型，所选硬件要求能够用于 A、B 两种样品的测量，具体如图 5-3-1 所示。

（1）将芯片放置在指定的检测区内；检测区的视野要求：一次拍照可以拍全完整单个芯片，如图 5-3-2 所示。

图 5-3-1　芯片 6 个　　　　　　　　　　　图 5-3-2　单个芯片拍摄效果

（2）编写视觉和运动控制程序，示教 6 个芯片的拍照位置。移动运动平台依次到达 6 个拍照位置，每到一个拍照位点亮光源、拍图片、熄灭光源，完成 6 张芯片图片的拍摄。

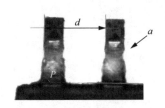

图 5-3-3　测量位置展示

（3）使用模板匹配工具分别对每个芯片图片进行识别定位。使用测量工具分别计算每个芯片的引脚个数 a、所有引脚针间距 d 和各引脚的垂直度 P，依据这些测量数据判断芯片是否为不良品，并记录每个芯片的引脚间距平均值和角度平均值。6 个芯片有 6 个引脚间距平均值和 6 个角度平均值。测量位置展示如图 5-3-3 所示。

2．连接器测量任务

本任务完成连接器（样品 B）的测量，连接器规格：大小 70mm×10mm，数量 2 个；两个连接器平行摆放，宽度为 23mm，具体如图 5-3-4 所示。

将芯片放置在指定的检测区内，检测区的视野要求：分两组拍照 4 次，一组拍照 2 次；拍连接器两端，两组拍照 4 次，可把两个连接器的四端拍完，如图 5-3-5 所示。

（1）编写视觉和运动控制程序，首先开始第一组的拍照，接着进行第二组的拍照。

（2）使用模板匹配工具，分别对各个连接器首尾最末端一排的两个引脚进行识别定位。

微课：图像处理算法——模板匹配

图 5-3-4　连接器（数量 2 个）

（3）使用测量工具分别计算第一排两个引脚的中点到最后一排两个引脚的中点的距离，可以借助运动平台进行计算，并记录左、右两个连接器第一排两个引脚的中点到最后一排两个引脚的中点的距离，标准值为 62mm，公差为±1mm，依据标准值和公差判定测量出来的尺寸是否合格；2 个连接器有 2 个距离值，如图 5-3-6 所示。

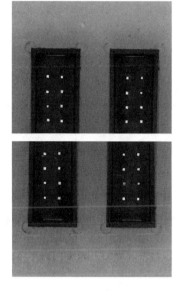

图 5-3-5　现场采图　　　　　　　　　　　图 5-3-6　执行后的效果

3．效果图

单击"运行"按钮后耐心等待执行，千万不要在程序执行过程中进行任何操作，测量后的效果如图 5-3-7 所示。

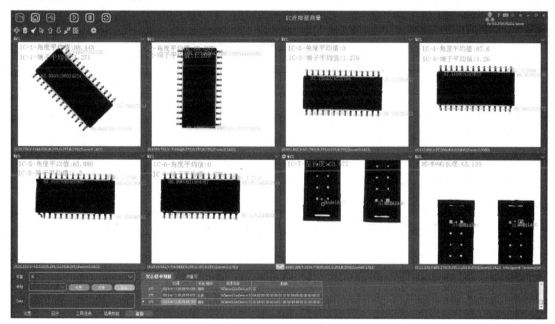

图 5-3-7　测量后的效果

任务准备

在前面已经完成设备的组装、调试的基础上，在现场的计算机上编写脚本，完成测量任务。

任务实施

由于芯片与连接器的引脚检测较为类似，本任务实施中只介绍芯片引脚的测试内容，不再介绍连接器的引脚测试。

1. 认知导航内容

芯片引脚检测内容导航如图 5-3-8 所示。

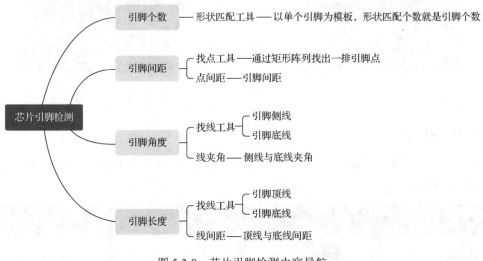

图 5-3-8　芯片引脚检测内容导航

2. XY 标定

1）新建 XY 标定项目

打开 KImage 软件，单击"登录"按钮进入主界面。

新建配置。单击左上角的"配置"按钮，在"产品名称"栏中输入"XY 标定"，单击"新建"按钮。

新建工具组，命名为"XY 标定"。

2）采图

双击进入工具组，添加"相机"工具。如图 5-3-9 所示，在"相机选择"下拉列表中选择要使用的相机，选择"图像设置"选项卡，在"图像设置"界面（图 5-3-10）中调整"曝光"与"增益"参数，使得采集到的图像在合适的亮度范围，单击"执行"按钮进行采图。

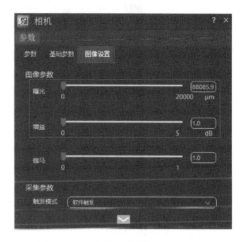

图 5-3-9　相机"基础参数"界面　　　　　图 5-3-10　相机"图像设置"界面

3）获取图像尺寸

添加"找圆"工具，双击"找圆"工具，打开其"基础参数"界面，如图 5-3-11 所示，设置"搜索方向"为"由外到圆心"，"搜索极性"为"从白到黑"，单击"注册图像"按钮，如图 5-3-12 所示，在显示窗口使用 ROI 将目标圆框中，单击"执行"按钮。

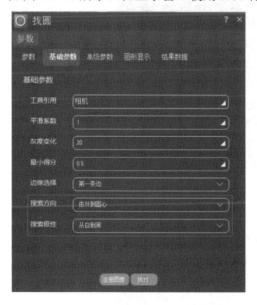

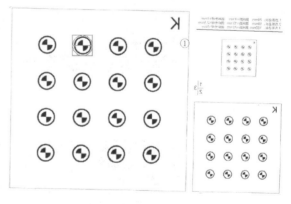

图 5-3-11　找圆工具"基础参数"界面　　　　图 5-3-12　找圆工具 ROI 设置

4）获取实际尺寸

标定板上编号 1、2、3，分别指三个区域，每个区域都给定了三个实际尺寸，如图 5-3-13 所示，分别为方形边长、圆间距、圆环外径。例如，区域 3 的圆环外径实际尺寸为 5mm。

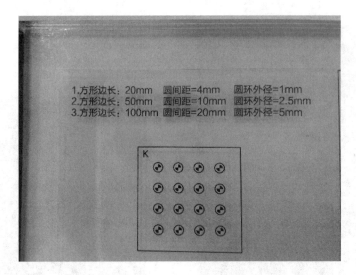

图 5-3-13　标定板实际尺寸

5）获得像素精度

添加"XY 标定"工具，双击"XY 标定"工具，打开其"基础参数"界面，如图 5-3-14 所示，在"像素距离（像素）"选项组中输入"找圆"工具中的圆半径数据，在"实际距离（毫米）"选项组中输入圆半径实际尺寸。

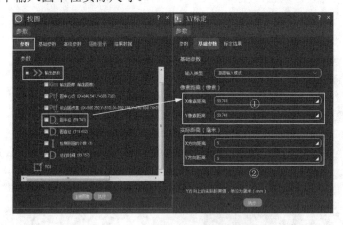

图 5-3-14　XY 标定工具参数输入

XY 标定程序如图 5-3-15 所示。

图 5-3-15　XY 标定程序

3．主程序流程搭建

1）新建芯片引脚检测项目

打开 KImage 软件，单击"登录"按钮进入主界面。

新建配置。单击左上角的"配置"按钮，在"产品名称"栏中输入"芯片测量"，单击"新建"按钮。

2）设置拍照位

新建工具组，命名为"芯片检测"，双击进入工具组。

添加 PLC 控制工具，将 N 点标定时拍照位的 XY 轴点位填入该工具中。

3）设置拍照位

添加"光源控制"工具，设置光源亮度，以光源实际插入通道接口为准。

添加"相机"工具，选择对应的相机，选择"图像设置"选项卡，在"图像设置"界面中设置好相机曝光时间及增益参数，以获得最好的采图效果，在"标定数据"下拉列表中选择"XY 标定"选项，如图 5-3-16 所示，单击"执行"按钮进行采图。

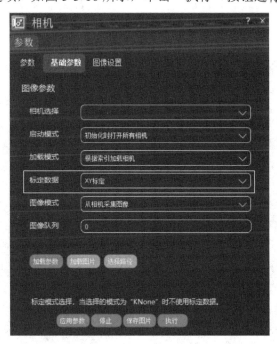

图 5-3-16　标定数据加载

4）形状匹配——AOI 定位跟随

由于芯片在治具上具有移动空间，芯片移动后将无法准确捕获到要搜索的位置，所以要用到形状匹配的仿射矩阵进行定位。这里先测量引脚间距，找点工具可以通过阵列矩形查找多个点位，所以只用一个模板即可。

添加"形状匹配"工具，打开形状匹配参数界面，单击"注册图像"按钮，圈选芯片为模板，如图 5-3-17 所示，单击"设置中心"按钮创建模板中心，单击"创建模板"按钮，单击"执行"按钮。

5）引脚右侧点位定位

添加"找点"工具1，打开找点工具1参数界面，单击"注册图像"按钮，设置ROI，如图5-3-18所示，根据ROI将"搜索方向"设置为"从白到黑"，如图5-3-19所示，选择"高级参数"选项卡，将"搜索模式"设置为"阵列矩形"，该芯片引脚个数为14，故而"阵列个数"设置为"13"，"阵列步长"是每个找点ROI间隔距离，可根据实际情况对数值进行修改，"阵列角度"是以第一个ROI为原点的角度转换，这里以"阵列步长"为"110"，"阵列角度"为"0"为例，如图5-3-20所示。

图 5-3-17　形状匹配注册图像设置　　　　图 5-3-18　找点 ROI 设置

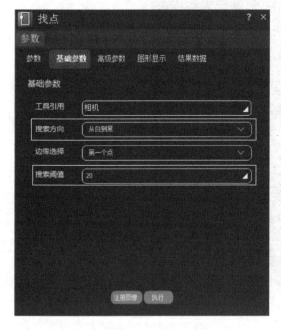

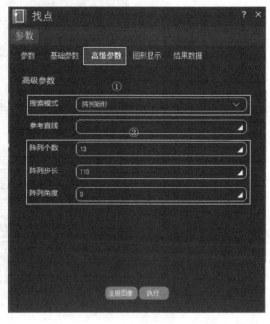

图 5-3-19　找点"基础参数"界面　　　　图 5-3-20　找点"高级参数"界面

6）引脚左侧点位定位

添加"找点"工具，打开找点工具参数界面，单击"注册图像"按钮，设置ROI，如图5-3-21所示，根据ROI将"搜索方向"设置为"从白到黑"，选择"高级参数"选项卡，将"搜索模式"设置为"阵列矩形"，"阵列个数"设置为"13"，这里以"阵列步长"为"110"，"阵列角度"为"0"为例。

图 5-3-21　找点 ROI 设置

7）引脚间距测量

因为点间距是通过两个点的位置计算而来的，找点工具阵列矩形会依次将找到的点位储存到一个列表数据中，找点工具 1 结果如图 5-3-22 所示，找点工具 1 找到的点位依次是引脚 1 点位、引脚 2 点位……引脚 13 点位。如图 5-3-23 所示，找点工具 2 找到的点位依次是引脚 2 点位、引脚 3 点位……引脚 14 点位。点间距工具会将两个找点工具中的点位列表中同一位置的点位进行计算，以找点工具 1 和找点工具 2 为例，点间距会依次计算找点工具 1 位置 1（引脚 1 点位）与找点工具 2 位置 2（引脚 2 点位）之间的距离，直到找点工具 1 最后位置（引脚 13 点位）与找点工具 2 最后位置（引脚 14 点位）之间的距离，这样点间距可以一次输出所有引脚间距。

图 5-3-22　找点工具 1 结果

图 5-3-23　找点工具 2 结果

添加"点间距"工具，将找点工具 1 的点位拖动引用到点间距工具第一点，拖至"第一点"栏，如图 5-3-24 所示，将找点工具 2 的点位拖动引用到点间距工具第二点，拖至"第二点"栏，参数引用完成后如图 5-3-25 所示。执行结果如图 5-3-26 所示。

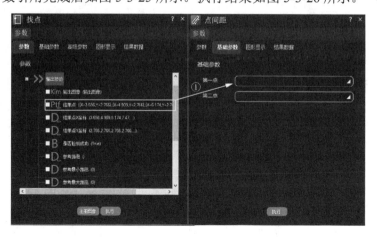

图 5-3-24　第一点参数引用

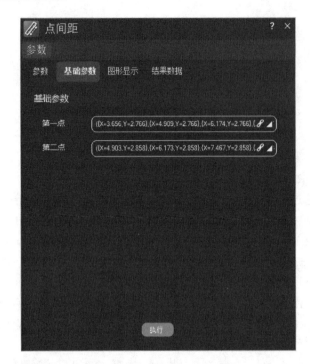

图 5-3-25　参数引用完成

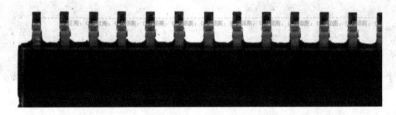

图 5-3-26　点间距执行结果

4．工具使用

1）形状匹配——引脚个数

当以一个引脚为模板，匹配到的模板个数即为引脚个数。添加"形状匹配"工具，打开"基础参数"界面，单击"工具绑定"栏右侧的小三角，如图 5-3-27 所示，在打开的下拉列表中选择"清除"选项，再次打开列表，选择"输入图像"选项，进入参数引用界面，依次打开流程图列表、检测程序的工具组列表、相机参数列表，如图 5-3-28 标识①处，选中"输出参数.输出图片"复选框，如图 5-3-28 标识②处，返回参数界面。

单击"注册图像"按钮，ROI 设置框选一个引脚，如图 5-3-29 所示，单击"设置中心"按钮，再单击"创建模板"按钮，模板个数设置为实际引脚个数，单击"执行"按钮。执行结果如图 5-3-30 所示。

2）找线工具 1——引脚顶线

找引脚顶线，添加"找线"工具，打开找线参数界面，单击"注册图像"按钮，设置 ROI，如图 5-3-31 所示，由 ROI 搜索方向可知是由白到黑才能检测到所需图像，所以将"搜索极性"设置为"从白到黑"，如图 5-3-32 所示，单击"执行"按钮。

图 5-3-27　形状匹配参数

图 5-3-28　形状匹配参数引用

图 5-3-29　形状匹配模板设置

图 5-3-30　形状匹配执行结果

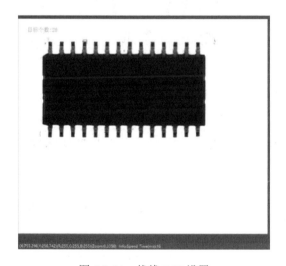

图 5-3-31　找线 ROI 设置

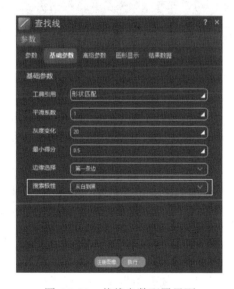

图 5-3-32　找线参数配置界面

3）找线工具 2——引脚侧线

找引脚侧线，添加"找线"工具，打开参数界面，单击"注册图像"按钮，设置 ROI，如图 5-3-33 所示，将"搜索极性"设置为"从白到黑"，单击"执行"按钮。执行结果如图 5-3-34 所示。

图 5-3-33　ROI 设置 1

图 5-3-34　"找线"结果

4）找线工具 3——引脚底线

找引脚底线，添加"找线"工具，打开参数界面，单击"注册图像"按钮，设置 ROI，如图 5-3-35 所示，将"搜索极性"设置为"从黑到白"，单击"执行"按钮。执行结果如图 5-3-36 所示。

图 5-3-35　ROI 设置 2

图 5-3-36　找线完成

5）线夹角工具——引脚角度

引脚侧线与底线夹角就是引脚角度。找线工具 2 找到的点位依次是引脚 1 侧线、引脚 2 侧线……引脚 14 侧线。找线工具 3 找到的点位依次是引脚 1 底线、引脚 2 底线……引脚 14 底线。线夹角工具会将两个找线工具中的点位列表中同一位置的线坐标进行计算，以找线工具 2 和找线工具 3 为例，线夹角工具会依次计算找线工具 2 位置 1（引脚 1 点位）与找线工具 3 位置 2（引脚 1 点位）之间的夹角，直到找线工具 2 最后位置（引脚 14 点位）与找线工具 3 最后位置（引脚 14 点位）之间的夹角，这样线夹角工具可以一次输出所有引脚夹角。

添加"线夹角"工具，将找线工具 2 的线坐标拖动引用到线夹角工具"直线一"栏，将找线工具 3 的线坐标拖动引用到线夹角工具"直线二"栏，单击"执行"按钮，执行结果如图 5-3-37 所示。

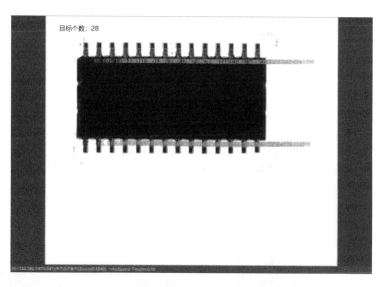

图 5-3-37　线夹角执行结果

6）线间距——引脚长度

引脚顶线与引脚底线之间的距离就是引脚长度。找线工具 1 找到的点位依次是引脚 1 顶线、引脚 2 顶线……引脚 14 顶线。找线工具 3 找到的点位依次是引脚 1 底线、引脚 2 底线……引脚 14 底线。线间距工具会将两个找线工具中的点位列表中同一位置的线坐标进行计算，以找线工具 1 和找线工具 3 为例，点间距会依次计算找线工具 1 位置 1（引脚 1 顶线点位）与找线工具 3 位置 1（引脚 1 底线点位）之间的距离，直到找线工具 1 最后位置（引脚 14 顶线点位）与找线工具 2 最后位置（引脚 14 底线点位）之间的距离，这样点间距可以一次输出所有引脚长度。

添加"线间距"工具，将找线工具 1 的线坐标拖动引用到线间距工具"直线一"栏，将找线工具 3 的线坐标拖动引用到线间距工具"直线二"栏，单击"执行"按钮，执行结果如图 5-3-38 所示。

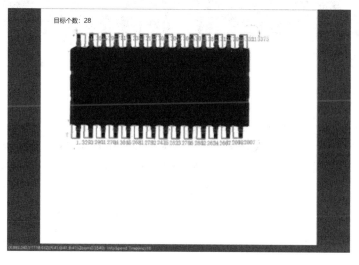

图 5-3-38　线间距执行结果

5．引脚检测

1）引脚间距检测

至此已检测完引脚间距、引脚个数、引脚角度、引脚长度，现在开始判断测量的数据是否符合工件标准。

点间距工具输出了两个引脚之间的点间距，那么直接判断点间距是否符合标准即可。打开点间距参数界面，单击"参数"→"输出参数"→"点到点距离"后面的括号，单击"变量设置"按钮，如图 5-3-39 标识②处，打开"判断"界面。因为引脚间隔有公差，所以"类型"选择"区间"。以该芯片为例，标准值为 0.9mm，公差±0.1mm，所以"最小值"填"0.8"，"最大值"填"1"，如图 5-3-40 所示。

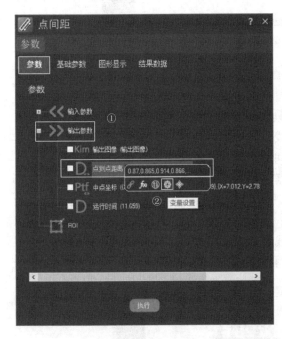

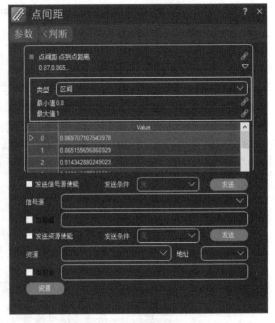

图 5-3-39　点间距变量引用　　　　　　图 5-3-40　变量判断参数设置

2）引脚个数检测

因为是以单个引脚为模板，所以形状匹配的模板个数即为引脚个数。打开形状匹配参数界面，单击"参数"→"输出参数"→"目标个数"后面的括号，单击"变量设置"按钮，如图 5-3-41 标识②处，因需要判断匹配到的引脚个数是否等于实际个数 28，故而"类型"设置为"等于"，等于值输入"28"，如图 5-3-42 所示。

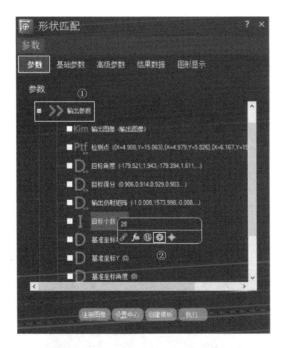

图 5-3-41　引脚个数参数窗口

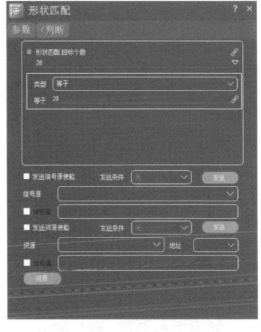

图 5-3-42　引脚个数参数判断

3）引脚角度检测

线夹角工具输出了两个引脚之间的角度，那么直接判断线夹角是否符合标准即可。打开线夹角"参数"界面，单击"参数"→"输出参数"→"两线夹角"后面的括号，单击"变量设置"按钮，如图 5-3-43 标识②处，打开"判断"界面。因为引脚角度间隔有公差，所以"类型"设置为"区间"。以该芯片为例，标准值为 90°，公差±2°，所以"最小值"填"88"，"最大值"填"92"，如图 5-3-44 所示。

图 5-3-43　线夹角"参数"界面

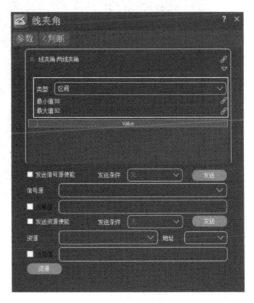

图 5-3-44　线夹角参数判断

4）引脚长度检测

线间距工具输出了引脚长度，那么直接判断线间距是否符合标准即可。打开线间距"参数"界面，单击"参数"→"输出参数"→"线到线距离"后面的括号，单击"变量设置"按钮，如图 5-3-45 标识②处，打开"判断"界面。因为引脚长度有公差，所以"类型"设置为"区间"。以该芯片为例，标准值为 1.3，公差±0.1，所以"最小值"填"1.2"，"最大值"填"1.4"，如图 5-3-46 所示。

图 5-3-45 线间距参数界面

图 5-3-46 线间距参数判断

显示窗口显示检测结果 NG 或 OK。

单击运行程序即可在显示窗口显示检测结果。

检测程序如图 5-3-47 所示。

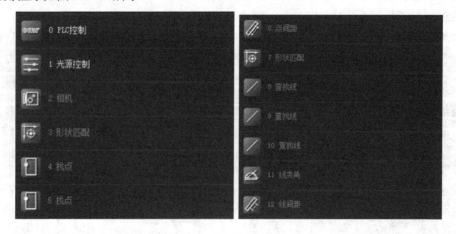

图 5-3-47 检测程序

💻 **任务评价**

任务评价如表 5-3-1 所示。

表 5-3-1　任务评价

基本信息	芯片及连接器引脚检测之软件操作应用任务					
	班级		学号		分组	
	姓名		时间		总分	
项目内容	评价内容		分值	自评	小组互评	教师评价
任务考核（60%）	XY 标定		25			
	主程序流程搭建		25			
	工具使用		25			
	引脚检测		25			
	任务考核总分		100			
素养考核（40%）	操作安全、规范		20			
	遵守劳动纪律		20			
	分享、沟通、分工、协作、互助		20			
	资料查阅、文档编写		20			
	精益求精、追求卓越		20			
	素养考核总分		100			

任务拓展

1．操作题

观看视频，请按照与芯片引脚检测类似的方法，进行连接器引脚的测试操作。

2．思考题

通过芯片引脚测量任务展示了远心镜头的选型计算与使用，并主要使用了"XY 标定""图像匹配""找线""线夹角""线间距"等工具。同学们可以想一想，引脚缺失、中断、歪斜等问题，是否也可以用上述方法测量并且判断出来呢？

知识链接

知识点　**定位工具的使用方法**

1．ROI

在图像处理领域，ROI 是从图像中选择的一个图像区域，这个区域是图像分析所关注的重点，圈定该区域以便进行进一步处理。使用 ROI 圈定目标，可以减少处理时间，增加精度。

在找圆、找线、找点工具中都有使用到 ROI，且它们都是有搜索方向的，如找圆 ROI 如图 5-3-48 所示，找点 ROI 如图 5-3-49 所示，找线 ROI 如图 5-3-50 所示。在使用中将 ROI 方框拖至需要检测的位置即可，该方框可进行缩放旋转。以找圆为例，如图 5-3-51 所示，ROI 为中心黑色圆，方向是由圆心到外。

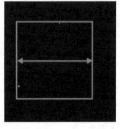

图 5-3-48　找圆 ROI　　　图 5-3-49　找点 ROI　　　图 5-3-50　找线 ROI　　　图 5-3-51　找圆 ROI 设置

2. 灰度变化

在灰度图中每个像素点都是 0～255 数值中的一个，其中 0 为黑色，255 为白色。二值图中仅有 0 和 255 两个值。两个像素点值之差就是灰度变化。

在找圆、找点、找线时，软件会根据 ROI 方向去做灰度变化的筛选。图 5-3-52 标识①处为灰度变化值，该值表示灰度变化的最小值，即两像素点之间的差值大于 20 就符合查找条件。

搜索极性有从白到黑和从黑到白两种，根据 ROI 内的搜索方向和 ROI 内图像进行选择。以找圆为例，观察 ROI（图 5-3-51）和图 5-3-52 标识②处可知找圆的方向是"由圆心到外"的，要找的圆是内黑外白的，那么"搜索极性"就要选择"从黑到白"，如图 5-3-52 标识②处。由于该图是二值图，故而灰度变化均为 255，那么"灰度变化"一栏不做修改。单击"执行"按钮即可找到图中圆，如图 5-3-53 所示。

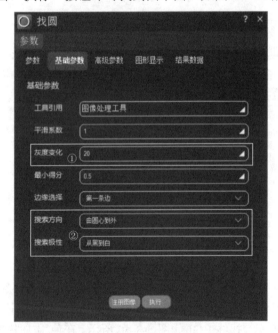

图 5-3-52　找圆"基础参数"界面

图 5-3-53　找圆结果

工作手册

姓名:	学号:	班级:	日期:

芯片及连接器引脚检测之软件操作应用工作手册

任务接收

表 5.3.1　任务分配

序号	角色	姓名	学号	分工
1	组长			
2	组员			
3	组员			
4	组员			
5	组员			

任务准备

表 5.3.2　工作方案设计

序号	工作内容	负责人
1		
2		
3		
4		

表 5.3.3　实训设备、工具与耗材清单

序号	名称	型号与规格	数量	备注
1				
2				
3				
4				
5				
6				
7				
领取人：　　归还人：				

课堂
笔记

任务实施

（1）XY 标定。

表 5.3.4　任务实施 1

内容	描述
XY 标定	
效果及问题	
负责人	验收签字

（2）主程序流程搭建。

表 5.3.5　任务实施 2

内容	描述
主程序流程搭建	
效果及问题	
负责人	验收签字

（3）工具使用。

表 5.3.6　任务实施 3

内容	描述
工具使用	
效果及问题	
负责人	验收签字

课堂
笔记

（4）引脚检测。

表 5.3.7　任务实施 4

内容	描述	
引脚检测		
效果及问题		
负责人		验收签字	

任务拓展

1．操作题

按照与芯片引脚检测类似的方法，进行连接器引脚的测试操作。

2．思考题

通过芯片引脚测量任务展示了远心镜头的选型计算与使用，并主要使用了"XY 标定""图像匹配""找线""线夹角""线间距"等工具。同学们可以想一想，引脚缺失、中断、歪斜等问题，是否也可以用上述方法测量并且判断出来呢？

课后作业

小组合作，用 PPT 展示以下内容：

（1）视觉系统中的参考坐标系；

（2）定位工具的使用方法；

（3）串口通信原理。

6 项目

PCB 图像拼接及尺寸测量

>>>>

◎ **项目导入**

    图像拼接在实际中的应用场景很广，如无人机航拍、遥感图像等。图像拼接是进一步做图像理解的基础步骤，拼接效果的好坏直接影响接下来的工作，所以一个好的图像拼接算法非常重要。

    再举一个身边的例子：我们用手机对某一场景拍照，但是无法一次将所有景物都拍下来，所以我们从左往右依次对该场景拍了多张照片，以便把所有景物记录下来。那么我们能不能把这些图像拼接成一个大图呢？当然可以，利用 KImage 软件就可以完成对这些图像的拼接。

◎ **学习目标**

知识目标

1. 掌握图像拼接的基础知识；
2. 掌握机器视觉的图像处理的基本原理。

能力目标

1. 能对图像拼接硬件进行选型；
2. 能编写图像算法脚本。

素质目标

1. 树立规范意识、安全意识，严格按照安全操作规程作业；
2. 强化勤于思考、善于总结、勇于探索的科学精神。

任务 6.1

认识 PCB 图像拼接及尺寸测量任务

 任务描述

认识图像拼接原理及 PCB 尺寸综合测量，了解机器视觉技术在 PCB 尺寸测量上的应用。通过简单的 PCB 图像拼接，推广到其他物品的图像拼接。

微课：PCB 拼接与测量
实训任务分析

 任务要求

本任务要求完成 PCB 图像拼接及尺寸测量，样品如图 6-1-1 所示。PCB 及料盘数量 1 套，PCB 尺寸规格为 116mm×44mm；分三次拍照然后进行拼接，单个视野要求为 65mm×50mm，工作距离为 200mm+10mm，光源距离产品表面安装不得超过 80mm，同时遵循畸变最小、测量精度最高、PCB 特征对比度最高的原则进行硬件选型。要求：

（1）掌握图像拼接原理；

（2）描述本任务需要测量的尺寸；

（3）熟悉整个机器视觉设备，了解各个部件的工作原理及功能。

图 6-1-1　样品

任务准备

准备机器视觉系统应用实训平台、配套器件箱、工具箱、实训器材。

🔧 **任务实施**

本任务主要认识 PCB 图像拼接及尺寸测量。了解图像拼接原理，分三次拍照，三次拍照可以完全拍完 PCB，拍摄的相邻 PCB 重叠区大于 2mm，将三次拍照所得图片拼接为一张完整的 PCB 图片。

任务实施步骤如下：

（1）掌握图像拼接原理、方法。

（2）描述图像拼接技术会在哪些场景下应用。

（3）描述本任务中需要测量的尺寸。

（4）检查硬件运行前的安全性；连接硬件电路，检测各电路的正确性，确保无误后通电使用。手动操作操纵杆，实现载物台面的水平 X、Y 方向移动，连接光源通道，实现背光源的亮度调节。

💻 **任务评价**

任务评价如表 6-1-1 所示。

表 6-1-1　任务评价

基本信息	认识 PCB 图像拼接及尺寸测量任务					
	班级		学号		分组	
	姓名		时间		总分	
项目内容	评价内容		分值	自评	小组互评	教师评价
任务考核（60%）	描述图像拼接的意义		20			
	描述 PCB 尺寸测量的内容		50			
	检查硬件运行前的安全性		30			
	任务考核总分		100			
素养考核（40%）	操作安全、规范		20			
	遵守劳动纪律		20			
	分享、沟通、分工、协作、互助		20			
	资料查阅、文档编写		20			
	精益求精、追求卓越		20			
	素养考核总分		100			

📖 **任务拓展**

列举日常生活中哪些场景需要使用图像拼接技术，并思考如何通过图像拼接技术实现图像的拼接。

☕ **知识链接**

 **图像拼接**

图像拼接技术就是将数张有重叠部分的图像（可能是不同时间、不同视角或不同传感

器获得的）拼成一幅大型的无缝高分辨率图像的技术。使用普通相机获取宽视野的场景图像时，因为相机的分辨率一定，所以拍摄的场景越大，得到的图像分辨率就越低；而全景相机、广角镜头等不仅非常昂贵，而且失真也比较严重。

为了在不降低图像分辨率的条件下获取超宽视角甚至 360° 的全景图，利用计算机进行图像拼接被提出并逐渐发展起来。现在，图像拼接技术已经成为计算机图形学的研究焦点，被广泛应用于空间探测、遥感图像处理、医学图像分析、视频压缩和传输、虚拟现实技术、超分辨率重构等领域。图像配准和图像融合是图像拼接的两个关键技术。图像配准是图像融合的基础，而且图像配准算法的计算量一般非常大，因此图像拼接技术的发展很大程度上取决于图像配准技术的创新。

本任务运用 SIFT 匹配算法来提取图像的特征点，采用随机抽样一致性算法求解单应性矩阵并剔除错误的匹配对，最后用加权平均融合法将两帧图像进行拼接。

具体过程：首先选取具有重叠区域的两帧图像分别作为参考图像和待拼接图像；然后使用特征提取算法提取特征点，并计算特征点描述子，根据描述子的相似程度确定互相匹配的特征点对；接着通过特征点对计算出待拼接图像相对于参考图像的单应性矩阵，并利用该矩阵对待拼接图像进行变换；最后将两帧图像进行融合，得到拼接后的图像。

🔖 工作手册

| 姓名： | | 学号： | | 班级： | | 日期： | |

认识 PCB 图像拼接及尺寸测量任务工作手册

任务接收

表 6.1.1　任务分配

序号	角色	姓名	学号	分工
1	组长			
2	组员			
3	组员			
4	组员			
5	组员			

任务准备

表 6.1.2　工作方案设计

序号	工作内容	负责人
1		
2		
3		
4		

课堂
笔记

表 6.1.3　实训设备、工具与耗材清单

序号	名称	型号与规格	数量	备注
1				
2				
3				
4				
5				
6				
7				
领取人：	归还人：			

任务实施

（1）描述图像拼接的意义。

表 6.1.4　任务实施 1

内容	描述	
图像拼接的意义		
负责人		验收签字

（2）描述 PCB 尺寸测量的内容。

表 6.1.5　任务实施 2

内容	描述	
PCB 尺寸测量的内容		
负责人		验收签字

（3）检查硬件运行前的安全性。

连接硬件电路，检测各电路的正确性，确保无误后通电使用。

表 6.1.6　任务实施 3

硬件运行前的安全检查				
检查内容（正常打"√"，不正常打"×"）				
检查模块	工具部件无遗留、无杂物	硬件安装牢固	气管阀门打开、空压机指示正常	设备各部件正常，无损坏、短路、发热等不良现象
工作平台				

课堂笔记

续表

检查模块	工具部件无遗留、无杂物	硬件安装牢固	气管阀门打开、空压机指示正常	设备各部件正常，无损坏、短路、发热等不良现象
配电箱				
负责人			验收签字	

任务拓展

列举日常生活中哪些场景需要使用图像拼接技术，并思考如何通过图像拼接技术实现图像的拼接。

课后作业

小组合作，用 PPT 展示以下内容：

（1）图像拼接的原理及其他应用场景；

（2）PCB 尺寸测量的内容；

（3）一个简单的系统组装、加电、手动操作过程。

任务 6.2

PCB 图像拼接及尺寸测量之设备选型与组装

任务描述

本任务是进行 PCB 图像拼接及尺寸测量的设备选型与组装。选型主要包括相机、镜头、光源等的选型；组装主要是将选型的设备进行安装、接线，确保加电能正常工作，保证后续任务的顺利进行。

任务要求

（1）根据相机成像原理进行设备选型，要求硬件满足 PCB 尺寸测量精度；

（2）掌握像素精度的基本原理；

（3）掌握相机、镜头、光源等的正确安装方法，并与工控机正常通信。

任务准备

准备机器视觉系统应用实训平台、配套器件箱、工具箱、实训器材。

🔧 任务实施

本任务主要是完成相机、镜头、光源的选型及安装，具体步骤如下。

1．相机的选型

在前面的学习中，我们知道，工业相机有很多参数，现在要求单个视野为 65mm×50mm，工作距离为 200mm+10mm，光源距离产品表面安装不得超过 80mm，同时遵循畸变最小、测量精度最高、PCB 特征对比度最高的原则。要满足上述测量及精度要求，考虑测量误差、安装误差等，选择分辨率为 2448 像素×2048 像素的黑白 2D 相机。相机的相关参数如表 3-2-1 所示。

因此，要满足上述测量及精度要求，在提供的设备中选择相机 B。

2．工业镜头计算与选型

1）像长的计算
同任务 4.2。

2）焦距的计算
在选择镜头搭建一套成像系统时，需要重点考虑像长 L、成像物体的长度 H、镜头焦距 f 及物体至镜头的距离 D 之间的关系。已经知道，相机内部芯片的像长 L 的长和宽分别为 8.45mm、7.07mm。物像之间简化版的关系为

$$\frac{L}{H} = \frac{f}{D}$$

根据任务要求，工作距离为 200～210mm，单个视野为 65mm×50mm（允许正向偏差不超过 10mm），取工作距离的最大值 210mm 为机械零件至镜头的距离 D，65mm、50mm 为成像物体的长度 H，因此在焦距的计算中需要分别对长和宽进行计算。

3）工业镜头的选型
根据焦距计算公式，可以计算得出长边焦距 $f_1 = 27.3\text{mm}$，短边焦距 $f_2 = 29.7\text{mm}$，并考虑到实际误差、工业镜头±5%的焦距微调区间，以及任务要求中允许的 10mm 视野范围正向偏差，故选择的镜头焦距 f 应小于 27.4mm，根据设备所提供的三种镜头，选择焦距为 25mm 的镜头。工业镜头的相关参数如表 3-2-2 所示。

3．光源选型

光源如表 3-2-3 所示。根据任务要求，需识别并测量 PCB 的圆直径、小圆圆心距、点线距离、线边距离、角度，为提高识别、测量的准确度和精度，应在三种环形光源中选择。因光源与相机安装距离较远，使用小号环形光源会遮挡画面，故不选小号环形光源。因相机为黑白，对光源颜色有要求，需将外界环境的影响降至最低，故选择安装平行背光源和中号环形光源，提供上下垂直的光照，使拍摄的图像更加清晰、精度更高。

4．设备组装

将相机快换板连接到相机上，将固定板连接到相机快换板上，拧动旋钮固定相机，将电源线与网线连接到相机，使用扎带绑紧。将中号环形光源安装至 Z 轴安装板上，背光板连接 CH1，建议将中号环形光源与背光板光源线连接到 CH1、CH2，这样在软件中调节时，更清楚在哪个通道。将电源线、网线和光源线放置到坦克链中。

5．组装完成后的设备调试

1）光源参数设置

依次连接平行背光源及中号环形光源，在计算机上打开 KImage 软件，同时设置光源通道的"端口号"为"COM5"，"数据格式"为"ASCII"，"波特率"为"9600"，"极性"为"None"（无奇偶校验位），"数据位"为"8"，"停止位"为"One"。光源参数设置如图 3-2-1 所示。

2）黑白 2D 相机参数设置

打开 MV Viewer 软件，设置黑白 2D 相机的 IP 地址为 169.254.11.51，同时分别连接相机网线和黑白 2D 相机电源线至以太网网口和 12V 直流电源上。

3）PLC 参数设置

在 KImage 软件中，依次设置欧姆龙 PLC 的"端口号"为"COM8"，"数据格式"为"Hex"，"波特率"为"9600"，"极性"为"Even"（奇偶校验为偶校验），"数据位"为"8"，"停止位"为"One"。欧姆龙 PLC 参数设置如图 3-2-2 所示。

🖥 任务评价

任务评价如表 6-2-1 所示。

表 6-2-1　任务评价

基本信息	PCB 图像拼接及尺寸测量之设备选型与组装任务				
	班级		学号		分组	
	姓名		时间		总分	
项目内容	评价内容		分值	自评	小组互评	教师评价
任务考核 （60%）	设备选型		25			
	硬件准备		25			
	描述硬件组装内容		25			
	检查硬件运行前的安全性		25			
	任务考核总分		100			
素养考核 （40%）	操作安全、规范		20			
	遵守劳动纪律		20			
	分享、沟通、分工、协作、互助		20			
	资料查阅、文档编写		20			
	精益求精、追求卓越		20			
	素养考核总分		100			

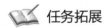 **任务拓展**

在进行背光源安装时，请同学们仔细观察背光源，并指出它是何种类型。

 知识链接

| 知识点 | 背光源的种类与区别 |

（1）根据背光源的发光源方向区分，OPT 背光源可分为侧部背光源与底部背光源两大类。侧部背光源顾名思义，在导光板四周布上发光条，通过导光板的作用把光线向下漫射发散。而底部背光源则在面板上阵列紧凑地布上 LED，通过漫射板使之均匀发散。

（2）根据背光源的光线发散特性区分，OPT 背光源可分为漫射背光源与平行背光源两大类。漫射背光源的光线具有多方向性，一般应用于物体的存在性测量、计数、识别等领域；平行背光源发光方向一致，多应用在高精度定位与尺寸测量中。在轮廓检测系统应用中，光源一般会采用背光方式。背光安装结构简单，图像效果稳定可靠，检测系统容易处理。漫射背光源一直被广泛应用于物体的存在性检测、计数、定位、尺寸测量等领域，但在实际生产中不可避免地会遇到一些带圆弧面的工件，如球体、螺钉等，此时漫射背光源的效果往往达不到预想中的效果，光线在边缘互相干扰，出现边缘发虚现象，对于高精度测量可靠性不高，这时应选择发光方向更一致的背光源，就是我们平常所说的平行背光源。

 工作手册

姓名：		学号：		班级：		日期：	

PCB 图像拼接及尺寸测量之设备选型与组装工作手册

任务接收

表 6.2.1 任务分配

序号	角色	姓名	学号	分工	
1	组长				课堂 笔记
2	组员				
3	组员				
4	组员				
5	组员				

任务准备

表 6.2.2　工作方案设计

序号	工作内容	负责人
1		
2		
3		
4		

表 6.2.3　实训设备、工具与耗材清单

序号	名称	型号与规格	数量	备注
1				
2				
3				
4				
5				

领取人：　　　　　归还人：

任务实施

（1）设备选型，并准备相机、镜头、光源和线缆等硬件。

表 6.2.4　任务实施 1

设备安装前准备	
相机准备	
镜头准备	
光源准备	
线缆准备	
负责人	验收签字

（2）描述硬件组装内容。

表 6.2.5　任务实施 2

内容	描述
硬件组装	
负责人	验收签字

课堂
笔记

（3）检查硬件运行前的安全性。

进行所有操作之前必须检查设备的安全性，确保接线牢固、无误，不会发生短路、漏电等危险。

任务拓展

在进行背光源安装时，请同学们仔细观察背光源，并指出它是何种类型。

课后作业

小组合作，用 PPT 展示以下内容：

（1）硬件设备的选型过程；

（2）硬件设备的组装过程；

（3）设备组装完成后加电，在 MV Viewer 软件中显示图像。

课堂
笔记

任务 6.3

PCB 图像拼接及尺寸测量之脚本编写与检测

任务描述

现有一批 PCB 需进行尺寸测量、尺寸检测（校验）及零部件安装，并对元器件进行分拣。请根据具体要求完成各项任务。完成任务顺序可根据情况自行调整。要求同学们在前面组装、调试好的硬件基础上，在 KImage 软件中进行脚本的编写，并完成检测任务。

任务要求

本任务要求同学们在组装、调试好的硬件基础上，在 KImage 软件中进行脚本的编写，并完成检测任务。通过对实训平台的操作，在软件中调用相应的脚本命令，通过 3 次拍照完成 PCB 图像拼接任务并进行尺寸测量。需要进行检测的尺寸有：

（1）圆直径：4 个大圆的直径；

（2）小圆圆心距：内部 2 个小圆的圆心距；

（3）点线距离：外围 4 个小圆到长边的距离；

（4）线边距离：整个 PCB 的长与宽；

（5）角度：PCB 的 4 个角。

任务准备

在前面已经完成设备的组装、调试的基础上，在现场的计算机上编写脚本，实现本任务要求。

任务实施

本任务主要是进行实操，通过视觉编程实现 PCB 图像拼接及尺寸测量，具体步骤如下：

（1）完成 N 点标定，获取图像坐标系与运动坐标系之间的手眼标定关系；

微课：PCB 拼接与测量
实训操作——进行图像拼接

（2）完成拼接任务，得到完整的 PCB 图片；

（3）使用找圆、找线等测量工具，测量 PCB 尺寸。

微课：PCB 拼接与测量
实训操作——测量任务

1．拼接

将 PCB 放置在检测区内；检测区的视野要求：3 次拍照可以完全拍完 PCB，拍摄的相邻 PCB 的重叠区大于 2mm。

（1）编写视觉和运动控制程序。移动运动平台到达第一个拍照位，点亮光源，拍第一张图片，熄灭光源；移动运动平台到达第二个拍照位，点亮光源，拍第二张图片，熄灭光源；移动运动平台到达第三个拍照位，点亮光源，拍第三张图片，熄灭光源。

（2）使用图像拼接工具，选择合适的拼接算法，设置合适的拼接参数，拼接出一张完整的 PCB 图片，如图 6-3-1 所示。

图像 1

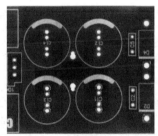
图像 2

图像 3

拼接后的效果

图 6-3-1　图像拼接

2．测量

测量位置及测量内容如图 6-3-2 所示。

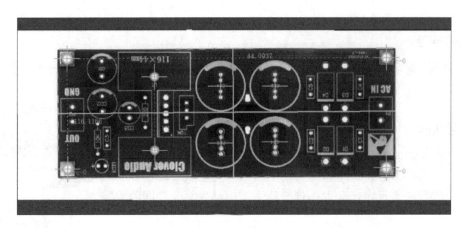

图 6-3-2　拼接测量后的效果

3．新建 N 点标定

1）设置拍照位

创建 PLC 工具，手动控制运动平台到拍照位（自定义）。双击
PLC 工具，打开 PLC 控制参数设置界面，选中"控制设置"单选
按钮，如图 6-3-3 标识①处，选中"获取位置"单选按钮，如图 6-3-3
标识②处，单击"执行"按钮，选择"轴位置"选项卡，如图 6-3-4
标识①处，轴位置显示如图 6-3-4 标识②处，即可看到当前位置 X、

微课：PCB 拼接与测量
实训操作——相机标定

Y 点位，选中"运动设置"单选按钮，如图 6-3-5 标识①处，将 X、Y 轴点位输入"运动设
置"选项组中的 X、Y 栏，如图 6-3-5 标识②处。

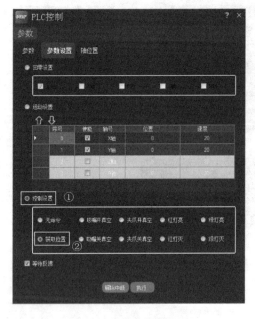

图 6-3-3　获取位置设置

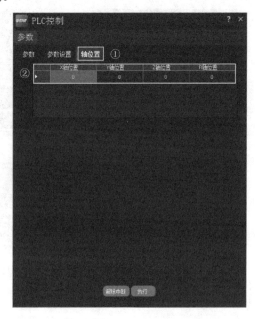

图 6-3-4　轴位置参数设置

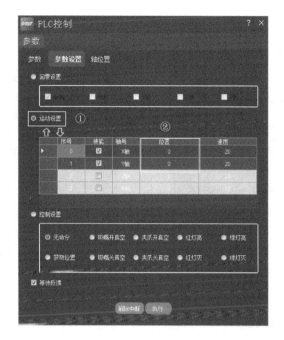

图 6-3-5 运动设置

2）采图

（1）创建光源控制工具。设置光源亮度，以光源实际插入通道接口为准，如图 6-3-6 所示。光源硬件接口如图 6-3-7 所示，光源控制工具图与光源硬件接口图中的标识是一一对应关系。图 6-3-7 标识①处已接上线，可以拖动图 6-3-6 标识①处的滑块调节光源亮度。

微课：PCB 拼接与测量实训
操作——获取 PCB 图像

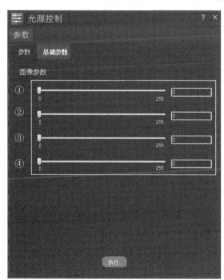

图 6-3-6 光源控制工具

图 6-3-7 光源硬件接口

（2）创建相机工具。首先选择对应的相机，如图 6-3-8 标识①处；然后选择"图像设置"选项卡，进入"图像设置"界面，如图 6-3-9 标识①处，设置好相机曝光时间及增益参数，以获得最好的采图效果，如图 6-3-9 标识②处；单击"执行"按钮进行采图。

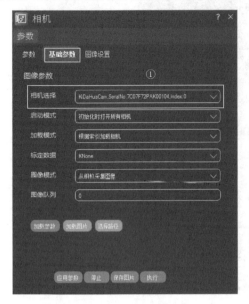

图 6-3-8　相机"基础参数"界面

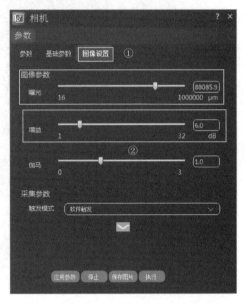

图 6-3-9　相机"图像设置"界面

3）获得点位像素坐标点

（1）创建查找特征点工具。双击"查找特征点"工具，进入"参数"界面，选择"参数"选项卡，如图 6-3-10 标识①处，打开"输入参数"（图 6-3-10 标识②处）列表后，单击列表中输入参数后的括号，单击"添加引用"按钮，如图 6-3-10 标识③处，单击"N 点标定"工具前的"+"，如图 6-3-11 标识①处，单击"相机"工具前面的"+"，打开相机参数，选中相机工具的输出图片，如图 6-3-11 标识②处。

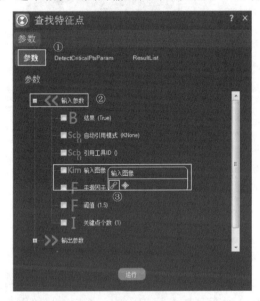

图 6-3-10　查找特征点参数界面

图 6-3-11　引用工具窗口

（2）设置查找特征点 ROI（蓝色方框默认在图像左上角），如图 6-3-12 所示，单击"执行"按钮，特征点识别结果会在显示窗口显示，记下特征点顺序。N 点标定工具输入世界坐标顺序与特征点识别顺序相同。

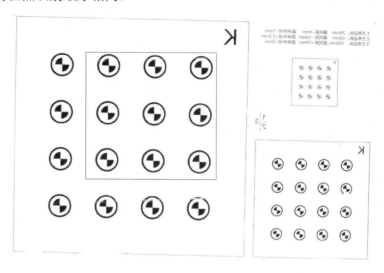

图 6-3-12　查找特征点 ROI 设置

（3）创建 N 点标定工具。双击"N 点标定"工具，进入"参数"界面，单击"像素坐标"栏右侧的三角图标，如图 6-3-13 标识①处，单击"添加引用"按钮，如图 6-3-13 标识②处，单击"N 点标定"工具组前的"+"，如图 6-3-14 标识①处，单击"查找特征点"工具前的"+"，打开参数列表，如图 6-3-14 标识②处，选中"输出参数.关键点"复选框，如图 6-3-14 标识③处，返回"参数"界面，如图 6-3-15 所示，单击"多点更新"按钮，如图 6-3-16 标识①处，即可获得 9 个像素坐标点，如图 6-3-16 所示。

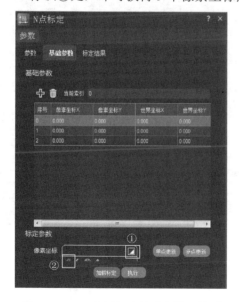

图 6-3-13　N 点标定"基础参数"界面

图 6-3-14　参数引用界面

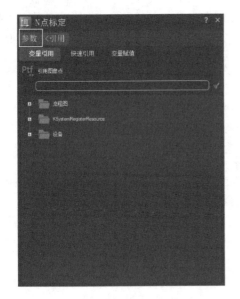

图 6-3-15　"参数"界面

图 6-3-16　更新像素点位结果

4）获得点位世界坐标点

手动控制吸盘到标定板 Mark 点（标定板上黑白相间的圆）正上方，创建 PLC 工具，打开 PLC 控制参数界面，单击"控制设置"单选按钮，单击"获取位置"单选按钮如图 6-3-17 所示，单击"执行"按钮即可在"轴位置"界面查看到当前位置 X 轴、Y 轴坐标如图 6-3-18 所示，该点位为当前 Mark 点的世界坐标点。

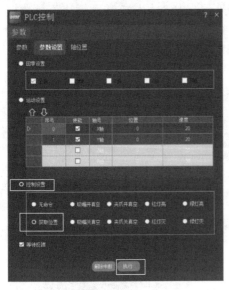

图 6-3-17　获取当前位置

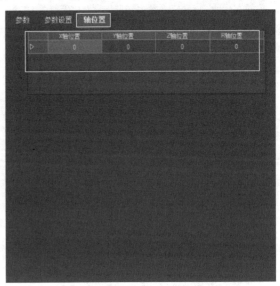

图 6-3-18　查看到当前位置

5）获得仿射矩阵

（1）依次获得各个点位世界坐标并将点位坐标输入世界坐标栏，如图 6-3-19 标识①处（注意点位顺序与特征点识别顺序相同），单击"执行"按钮。

（2）N 点标定程序如图 6-3-20 所示。

图 6-3-19　手动填写世界坐标点

图 6-3-20　N 点标定程序

4．搭建测量流程

1）预览项目流程图

分别在红灯亮后运行 3 次拍照位，对 PCB 的长和宽进行测量，查找 4 个小圆和大圆并测量出直径，测量小圆到 PCB 边的距离，测量 1-2、1-3、4-5 小圆之间的距离，红灯灭后完成操作。项目流程如图 6-3-21 所示。

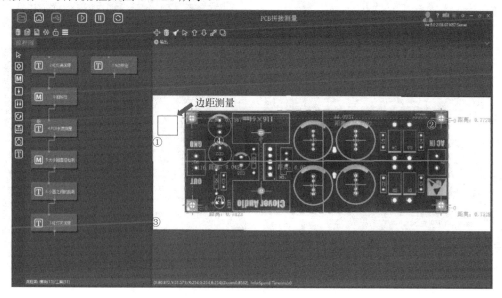

图 6-3-21　项目流程

2）使用找圆工具

添加找圆工具，双击找圆工具，进入"基础参数"设置界面，单击"注册图像"按钮，将匹配框拖拽到图像中的圆形位置，单击"执行"按钮，如图 6-3-22 所示。

图 6-3-22　找圆工具的使用

3）使用线间距测量工具

找到查找线工具，找到线坐标（图 6-3-23 标识①处），直接拖拽到图 6-3-23 标识②处，标识③处通过同样的方式找到第二条边后，单击"执行"按钮即可。

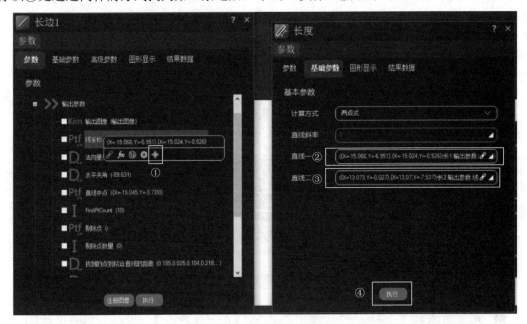

图 6-3-23　线间距测量工具的使用

4）使用点线测量工具

找到找圆工具参数中的"圆中心点"（图 6-3-24 标识①处），单击标识②处的按钮，将坐标拖拽到标识③处，标识④处的直线坐标需要拖动直线工具中的线坐标，单击"执行"按钮。

微课：PCB 拼接与测量实训
操作——计算任务与保存

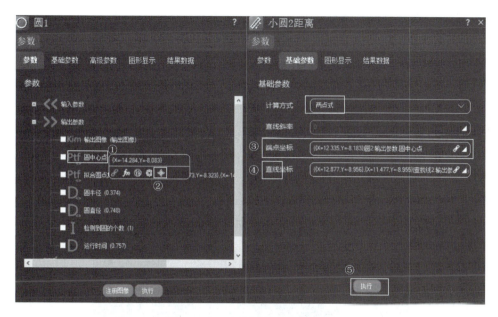

图 6-3-24 点线测量工具的使用

5）使用点间距测量工具

找到找圆工具参数中的"圆中心点"，单击图 6-3-25 标识①处的按钮，同样使用拖拽的方式将坐标拖到图 6-3-25 标识②处，注意图 6-3-25 标识③处的工具图标，选用对应的工具，单击"执行"按钮。

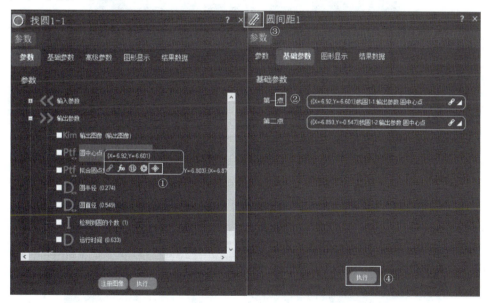

图 6-3-25 点线测量工具的使用

6）测量数据显示

找到"输出参数"（图 6-3-26 标识①处），单击图 6-3-26 标识②处，同样使用拖拽的方式将坐标拖到标识③处，双击标识④处后对标识⑤处的文字进行修改。

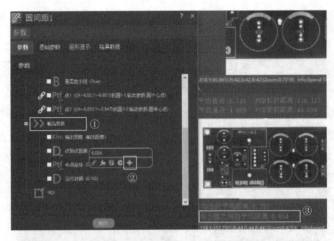

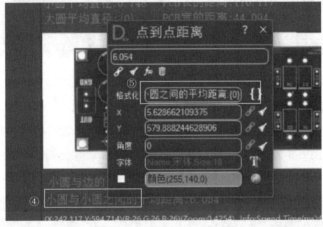

图 6-3-26　测量数据显示

7）最终程序运行效果

单击"单步运行"按钮（图 6-3-27 标识①处）即可。最终程序运行效果如图 6-3-27所示。

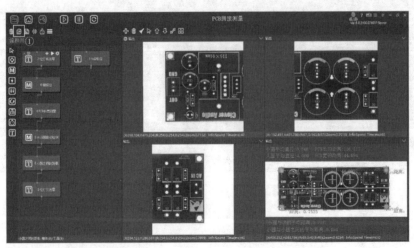

图 6-3-27　最终程序运行效果

 任务评价

任务评价如表 6-3-1 所示。

表 6-3-1　任务评价

基本信息	PCB 图像拼接及尺寸测量之脚本编写与检测任务				
基本信息	班级		学号		分组	
基本信息	姓名		时间		总分	
项目内容	评价内容		分值	自评	小组互评	教师评价
任务考核（60%）	操作软件完成 PCB 图像拼接及尺寸测量		60			
任务考核（60%）	描述脚本编写与检测工作流程		40			
任务考核总分			100			
素养考核（40%）	操作安全、规范		20			
素养考核（40%）	遵守劳动纪律		20			
素养考核（40%）	分享、沟通、分工、协作、互助		20			
素养考核（40%）	资料查阅、文档编写		20			
素养考核（40%）	精益求精、追求卓越		20			
素养考核总分			100			

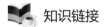 任务拓展

请同学们分析 PCB 图像的拼接和七巧板拼图之间的区别与联系。

知识链接

知识点 6.3.1　**视觉常用坐标系**

在视觉系统中，一般涉及四种坐标系：图像像素坐标系、图像物理坐标系、摄像机坐标系、世界坐标系。

（1）图像像素坐标系：摄像机采集的数字图像在计算机内可以存储为数组，数组中的每一个元素（像素，pixel）的值即图像点的亮度（灰度）。在图像上定义直角坐标系 u-v，每一像素的坐标 (u,v) 分别是该像素在数组中的列数和行数，故 (u,v) 是以像素为单位的像素坐标系坐标。

（2）图像物理坐标系：由于像素坐标系只表示像素位于数字图像的列数和行数，并没有用物理单位表示出该像素在图像中的物理位置，因而需要再建立以物理单位（如 cm）表示的成像平面坐标系 x-y。我们用 (x,y) 表示以物理单位度量的成像平面坐标系的坐标。在 x-y 坐标系中，原点定义在摄像机光轴和图像平面的交点处，称为图像的主点，该点一般位于图像中心处，但由于摄像机制作的原因，可能会有些偏离，在坐标系下的坐标为 (u_0,v_0)，每个像素在 x 轴和 y 轴方向上的物理尺寸为 dx、dy。

（3）摄像机坐标系：摄影机坐标系的原点为摄像机光心，x、y 轴与图像的 X、Y 轴平行，z 轴为摄像机光轴，它与图像平面垂直，以此构成的空间直角坐标系称为摄像机坐标系，也称为相机坐标系。光轴与图像平面的交点，即为图像坐标系的原点，与图像的 X、Y 轴构成的直角坐标系即为图像坐标系。

（4）世界坐标系：在环境中还选择一个参考坐标系来描述摄像机和物体的位置，该坐标系称为世界坐标系。摄像机坐标系和世界坐标系之间的关系可用旋转矩阵 $\boldsymbol{R}$ 与平移向量 $\boldsymbol{t}$ 来描述。

知识点 6.3.2　N 点标定

N 点标定是在两个二维坐标系中找到 N（$N \geqslant 3$）个相同点分别在这两个坐标系中的坐标，并通过这些点坐标计算出这两个坐标系平面之间的单应性矩阵，如图 6-3-28 所示。一般在项目中使用 9 个点，俗称九点标定。

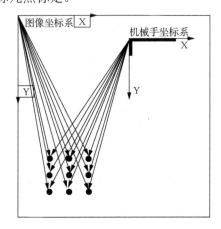

图 6-3-28　N 点标定示意图

📔 工作手册

姓名：	学号：	班级：	日期：

PCB 图像拼接及尺寸测量之脚本编写与检测工作手册

任务接收

表 6.3.1　任务分配

序号	角色	姓名	学号	分工
1	组长			
2	组员			
3	组员			
4	组员			
5	组员			

课堂
笔记

任务准备

表 6.3.2　工作方案设计

序号	工作内容	负责人
1		
2		
3		
4		

表 6.3.3　实训设备、工具与耗材清单

序号	名称	型号与规格	数量	备注
1				
2				
3				
4				
5				
领取人：		归还人：		

任务实施

（1）进行 N 点标定、图像拼接、尺寸测量及测量数据显示等一系列软件操作。

表 6.3.4　任务实施 1

操作	描述	
N 点标定		
图像拼接		
尺寸测量		
测量数据显示		
负责人		验收签字	

（2）描述脚本编写与检测工作流程。

表 6.3.5　任务实施 2

内容	描述	
脚本编写与检测工作流程		
负责人		验收签字	

任务拓展

请同学们分析 PCB 图像的拼接和七巧板拼图之间的区别和联系。

课后作业

小组合作，用 PPT 展示以下内容：

（1）图像拼接及尺寸检测的整体流程；

（2）找圆、线、点线距等指令的使用方法；

（3）描述检测数据结果显示后的界面有哪些元素，并进行分析。

课堂
笔记

7 项目

印刷品检测

>>>>

◎ **项目导入**

在印刷行业中，时常因印刷工艺、设备、材料等因素的影响导致印刷质量不达标，出现各种缺陷，如文字印刷不完整、套印不准确、漏印等问题。

目前，传统的印刷企业是通过频闪灯照明、人工粗略局部抽检的方式进行质量控制的，此检测方法易受人的主观判断、疲劳操作等因素影响，难以保证检测的准确性。印刷缺陷一旦出现在产品包装上，产品视觉观感将大打折扣，严重影响企业的品牌形象，降低客户满意度。

随着用户对产品品质要求的不断提高及行业竞争的加剧，传统的以人工抽检为主的质量检测手段已经严重制约了企业竞争力的提高，用自动化质量检测设备代替人工是必然趋势。机器视觉技术可以避免人工造成的误判，从而提高印刷质量。利用机器视觉技术进行印刷品检测具有检测速度快、可靠性好、生产效率高等特点，有着广泛的市场应用场景。印刷品的检测主要是针对印刷外观的缺陷检测，包含印刷字迹模糊、印刷套位偏差、印刷表面脏污、印刷表面蚊虫、色差等，通过将需要检测的产品采集图像与模板图像对比，输出该产品的检测结果。

◎ **学习目标**

知识目标

1. 掌握缺陷检测基本原理；
2. 熟悉印刷品检测系统。

能力目标

1. 能使用机器视觉设备编写脚本，实现印刷品的检测；
2. 能正确使用"缺陷检测"工具。

素质目标

1. 树立环保意识、成本意识，践行绿色发展理念；
2. 培养爱国精神，坚定文化自信，增强民族自豪感。

任务 7.1

认识印刷品检测任务

🔍 任务描述

认识印刷品的检测，了解机器视觉技术在印刷行业中的主要应用。通过简单的印刷品检测任务，学习缺陷检测原理并推广到其他产品的缺陷检测。

📚 任务要求

本任务是认识印刷品的检测，包括印刷品 6 个（图 7-1-1），料盘 1 套，印刷品单个视野要求为 65mm×50mm，平台料盘规格大小约为 200mm×120mm，示教 6 个拍照位置，6 个印刷品共检测 6 次。要求：

（1）了解缺陷检测原理；

（2）掌握印刷品检测的实现流程。

图 7-1-1　印刷品

⚙️ 任务准备

准备机器视觉系统应用实训平台、配套器件箱、工具箱、实训器材。

任务实施

本任务主要了解缺陷检测原理和印刷品检测的实现流程。实现步骤如下：

（1）了解缺陷检测原理及缺陷检测工具的使用方法；

（2）了解检测任务，需要进行检测判断的缺陷有文字重影、印刷背景污渍、印刷缺失、印刷内容错误、印刷少墨、印刷偏位、图案颜色、印刷黑点；

（3）描述缺陷检测技术在什么场景下可以使用。

检测结果如图 7-1-2 所示。

图 7-1-2 检测结果

任务评价

任务评价如表 7-1-1 所示。

表 7-1-1 任务评价

基本信息	认识印刷品检测任务					
	班级		学号		分组	
	姓名		时间		总分	
项目内容	评价内容		分值	自评	小组互评	教师评价
任务考核（60%）	描述缺陷检测的意义		20			
	描述印刷品检测的内容		20			
	描述印刷品检测系统的组成和原理及工作流程		40			
	检查硬件运行前的安全性		20			
	任务考核总分		100			
素养考核（40%）	操作安全、规范		20			
	遵守劳动纪律		20			
	分享、沟通、分工、协作、互助		20			
	资料查阅、文档编写		20			
	精益求精、追求卓越		20			
	素养考核总分		100			

任务拓展

列举日常生活中遇到的印刷品检测的例子，并思考如何通过机器视觉技术进行检测。

 知识链接

知识点　差影法

匹配技术的一种最简单的形式便是差影法，差影法的原理是对两幅图像按照对应像素做差，根据做差结果取一阈值作为结果图像。差影法在时间效率上非常高。

差影法常用在产品表面缺陷的检测，即从待测图像中减去无缺陷的模板图像得到残差图像，缺陷在残差图像中就可凸显出来。目前有静态法选择与动态法选择来构建模板图像。

静态法选择：在检测印刷品缺陷的过程中，选择某一固定的无缺陷图像作为标准图像与缺陷图像进行差分运算，由于选择的标准图像与缺陷图像在时间上没有连续性，很容易受到不同时刻印刷品光照条件、设备运行状态的影响，给缺陷分割带来不确定性。

动态法选择：用缺陷图像的前一幅无缺陷图像作为模板图像，这种方法需要实时地对无缺陷图像进行检测、存储，因此处理速度相对较慢。

KImage 软件中的缺陷检测工具的基本工作原理就是差影法中的静态法选择，基于掩模的缺陷检测就是用模板图像和待测图像分别与掩模图像卷积，依次得到模掩图像和测掩图像，然后将这两幅图像相减并取其绝对值得到缺陷图像。最后判断该缺陷图像是否存在明显的白色斑块：若不存在，则为合格产品；若存在，则为瑕疵品，进一步求出缺陷详细信息。

工作手册

姓名：		学号：		班级：		日期：	

认识印刷品检测任务工作手册

任务接收

表 7.1.1　任务分配

序号	角色	姓名	学号	分工
1	组长			
2	组员			
3	组员			
4	组员			
5	组员			

课堂
笔记

任务准备

表 7.1.2　工作方案设计

序号	工作内容	负责人
1		
2		
3		
4		

表 7.1.3　实训设备、工具与耗材清单

序号	名称	型号与规格	数量	备注
1				
2				
3				
4				
5				
6				
7				

领取人：　　　　归还人：

任务实施

（1）描述缺陷检测的意义。

表 7.1.4　任务实施 1

内容	描述
缺陷检测的意义	

负责人		验收签字	

（2）描述印刷品检测的内容。

表 7.1.5　任务实施 2

内容	描述
印刷品检测的内容	

负责人		验收签字	

课堂
笔记

（3）描述印刷品检测系统的组成和工作原理、工作流程。

表 7.1.6　任务实施 3

内容	描述
印刷品检测系统的组成和工作原理	
印刷品检测系统的工作流程	
负责人	验收签字

（4）检查硬件运行前的安全性

连接硬件电路，检测各电路正确性，确保无误后通电使用。

表 7.1.7　任务实施 4

硬件运行前的安全检查			
检查内容（正常打 "√"，不正常打 "×"）			
检查模块	工具部件无遗留、无杂物	硬件安装牢固	气管阀门打开，空压机指示正常	检查设备各部件正常，无损坏、短路、发热等不良现象
工作平台				
配电箱				
负责人		验收签字		

任务拓展

列举日常生活中遇到的印刷品检测的例子，并思考如何通过机器视觉技术进行检测。

课后作业

小组合作，用 PPT 展示以下内容：

（1）印刷品检测系统的组成；

（2）缺陷检测的基本原理；

（3）印刷品检测的内容。

课堂
笔记

印刷品检测之设备选型与组装

任务描述

本任务要求进行印刷品检测设备选型，并进行设备组装。选型主要包括相机、镜头、光源等的选型；组装主要是将选型的设备进行安装、接线，确保加电正常，以保证后续任务的顺利进行。

任务要求

（1）了解相机、镜头选型的基本原理；
（2）掌握缺陷检测的基本原理；
（3）掌握相机、镜头、光源等的正确接线方法。

任务准备

准备机器视觉系统应用实训平台、配套器件箱、工具箱、实训器材。

任务实施

本任务主要是完成相机、镜头、光源的选型及安装，具体步骤如下。

1．相机的选型

在前面的学习中，我们已经知道工业相机有很多参数，现在要求检测印刷品的缺陷，其单个视野要求为 65mm×50mm，同时要求单个像素精度小于 0.05mm。要满足上述检测及精度要求，理论上需要相机分辨率为 1300 像素×1000 像素以上，考虑需识别印刷图案颜色等信息，选择分辨率为 2592 像素×1944 像素的彩色 2D 相机。相机的相关参数如表 3-2-1 所示。

因此，要满足上述测量及精度要求，在提供的设备中选择相机 C。

2．工业镜头的相关计算与选型

1）像长的计算
根据相机的选型，彩色 2D 相机的像素尺寸为 2.2μm，分辨率为 2592 像素×1944 像素，因此根据像长计算公式，有

$$像长 L（mm）=像素尺寸（μm）×像素（长、宽）$$

2）焦距的计算

在选择镜头搭建一套成像系统时，需要重点考虑像长 L、成像物体的长度 H、镜头焦距 f 及物体至镜头的距离 D 之间的关系。已经知道，相机内部芯片的像长 L 的长和宽分别为 5.7024mm、4.2768mm。物像之间简化版的关系为

$$\frac{L}{H} = \frac{f}{D}$$

取工作距离的最大值 260mm 为印刷品表面至镜头的距离 D，65mm、50mm 为成像物体的视野要求的长度 H，因此在焦距的计算中需要分别对长和宽进行计算。

3）工业镜头的选型

根据焦距计算公式，可以计算得出长边焦距 $f_1 \approx 22.8$mm，短边焦距 $f_2 = 22.2$mm，并考虑到实际误差，故根据设备所提供的三种镜头，选择焦距为 25mm 的镜头。工业镜头的相关参数如表 3-2-2 所示。

3. 光源选型

光源如表 3-2-3 所示。根据任务要求，需检测印刷品的文字重影、印刷背景污渍、印刷缺失、印刷内容错误、印刷少墨、印刷偏位、图案颜色、印刷黑点等，为提高识别、测量的准确度和精度，需将外界环境的影响降至最低，故选择安装平行背光源和小号环形三色上光源，提供上下垂直的光照，使拍摄的图像更加清晰、精度更高。

4. 设备组装

将相机快换板连接到相机上，将小号环形光源安装到镜头上，将固定板连接到相机快换板上，拧动旋钮固定相机，将电源线与网线连接到相机，使用扎带绑紧。背光板连接 CH1，建议光源线连接红、绿、蓝到 CH2、CH3、CH4，这样在软件中调节时，更清楚在哪个通道。将电源线、网线和光源线放置到坦克链中。

5. 组装完成后的设备调试

1）光源参数设置
光源参数设置如图 3-2-1 所示。

2）彩色 2D 相机参数设置
打开 MV Viewer 软件，设置彩色 2D 相机 IP 地址为 169.254.11.51，同时分别连接相机网线和彩色 2D 相机电源线至以太网网口和 12V 直流电源上。

3）PLC 参数设置
欧姆龙 PLC 参数设置如图 3-2-2 所示。

任务评价

任务评价如表 7-2-1 所示。

表 7-2-1　任务评价

基本信息	印刷品检测之设备选型与组装任务				
基本信息	班级		学号		分组	
基本信息	姓名		时间		总分	
项目内容	评价内容	分值	自评	小组互评	教师评价
任务考核（60%）	设备选型	25			
任务考核（60%）	硬件准备	25			
任务考核（60%）	描述硬件组装内容	25			
任务考核（60%）	检查硬件运行前的安全性	25			
任务考核总分		100			
素养考核（40%）	操作安全、规范	20			
素养考核（40%）	遵守劳动纪律	20			
素养考核（40%）	分享、沟通、分工、协作、互助	20			
素养考核（40%）	资料查阅、文档编写	20			
素养考核（40%）	精益求精、追求卓越	20			
素养考核总分		100			

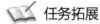

任务拓展

请同学们思考：本项目中使用差影法进行检测的缺点有哪些？

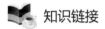

知识链接

知识点　**串口通信**

串口是仪器仪表设备通用的通信方式。同时，串口通信协议也可以用于获取远程采集设备的数据。

1．波特率

波特率是串口通信时的速率。如果每秒传送 240 个字符，而每个字符格式包含 10bit（1 个起始位，1 个停止位，8 个数据位），则波特率为 240Bd，比特率为 10×240=2400 (bit/s)。

2．数据位

数据位是用于衡量通信中实际传输数据量的参数，计算机发送信息包时，实际的数据位数常见的标准值有 5bit、7bit 和 8bit。例如，标准 ASCII 码的范围为 0～127（7bit），而扩展 ASCII 码的范围为 0～255（8bit）。如果数据仅包含简单的文本（如标准 ASCII 码），则每个数据包可使用 7bit 数据进行传输。需要注意的是，一个完整的通信数据包通常为 1B，其中包括开始位、停止位、数据位及奇偶校验位等组成部分。由于实际数据位数会因通信协议的不同而有所变化，因此术语"包"在此泛指任何通信场景中的数据单元。

3．停止位

停止位用于表示单个数据包的最后一位，典型的值为 1bit、1.5bit 或 2bit。停止位不仅表示传输的结束，并且提供计算机校正时钟同步的机会。停止位的位数越多，不同时钟同步的容错程度越大，但同时数据传输率也越慢。

4．极性

Even：传送每一字节数据时，会另外附加 1bit 作为校验位，数据中"1"的个数为偶数时，校验位为"1"，否则校验位为"0"。

Odd：传送每一字节数据时，会另外附加 1bit 作为校验位，数据中"1"的个数为奇数时，校验位为"1"，否则校验位为"0"。

Space：校验位总为"0"。

Mark：校验位总为"1"。

5．数据格式

选择 Hex 发送就代表要发送的内容是十六进制数，由程序完成到字节的转换，所以应该保证每个发送的数都是两个字符的。如果是 7，就应该写为 07，因为程序会两个字符两个字符地读。例如，在 Hex 发送模式下，写了 1234，被发送的就是 12，34；如果是 01020304，那么被发送的就是 01，02，03，04。

选择 ASCII 发送就代表要发送的是字符串，这时程序就会一个字符一个字符地读。例如，写了 1234，在字节流中传递的就是 1234 对应的 ASCII 码（1—49、2—50、3—51、4—52）31，32，33，34（十六进制）。

工作手册

姓名：		学号：		班级：		日期：	
			印刷品检测之设备选型与组装工作手册				

任务接收

表 7.2.1　任务分配

序号	角色	姓名	学号	分工
1	组长			
2	组员			
3	组员			
4	组员			
5	组员			

课堂
笔记

任务准备

表 7.2.2　工作方案设计

序号	工作内容	负责人
1		
2		
3		
4		

表 7.2.3　实训设备、工具与耗材清单

序号	名称	型号与规格	数量	备注
1				
2				
3				
4				
5				

领取人：　　　　归还人：

任务实施

（1）设备选型，并准备相机、镜头、光源和线缆等硬件。

表 7.2.4　任务实施 1

设备安装前准备	
相机准备	
镜头准备	
光源准备	
线缆准备	
负责人	验收签字

（2）描述硬件组装过程。

表 7.2.5　任务实施 2

内容	描述
硬件组装过程	
负责人	验收签字

课堂
笔记

（3）检查硬件运行前的安全性。

进行所有操作之前必须检查设备的安全性，确保接线牢固无误，不会发生短路、漏电等危险。

任务拓展

请同学们思考：本项目中使用差影法进行检测的缺点有哪些？

课后作业

小组合作，用 PPT 展示以下内容：

（1）硬件设备的选型过程；

（2）硬件设备的组装过程；

（3）设备组装完成后加电，在 MV Viewer 软件中显示图像。

课堂
笔记

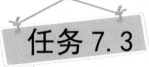

任务 7.3

印刷品检测之脚本编写与检测

任务描述

印刷厂家为了对印刷品的质量进行检测，购置了一批机器视觉系统设备，专门用于相关产品检测，你作为该设备的技术员，需要进行印刷品的质量检测。在了解该设备的原理、设备选型、组装硬件的基础上，进行软件操作，并完成检测任务。

任务要求

本任务是完成印刷品检测的脚本编写，并完成印刷品的检测，包括印刷品 6 个，料盘 1 套，印刷品单个视野要求为 65mm×50mm，平台料盘规格大小约为 200mm×120mm，示教 6 个拍照位置，6 个印刷品共检测 6 次。要求：

（1）掌握缺陷检测原理；

（2）完成本项目需要实现的检测任务。

任务准备

在前面已经完成设备的组装、调试的基础上，在现场的计算机上编写脚本，实现任务要求。

任务实施

本任务主要是进行实操，通过视觉编程实现印刷品的检测，具体步骤如下：

（1）完成相机、镜头、光源等参数设置，获得稳定的采图环境；

（2）设置缺陷检测工具参数及模板；

（3）重复检测步骤，实现对其他印刷品的缺陷检测。

1. 创建工程

打开 KImage 软件，单击左上角的图标，如图 7-3-1 所示，在"产品名称"文本框中填写任务名称，然后单击"新建"按钮，这样一个工程就创建成功了。

2. 添加工具组

创建好一个新工程后，第一步就是添加工具组，一个工具组里面可以放置各种功能模块，显示效果如图 7-3-2 所示。

图 7-3-1　创建工程

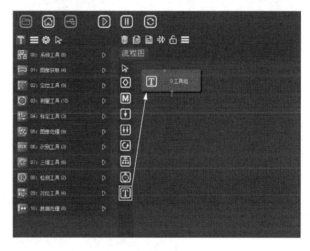

图 7-3-2　工作界面

3. 设置光源

本任务使用的是小号环形光源与背光源，因此第一个工具组里就单独放置一个光源控制模块。双击工具组进入，然后找到光源控制模块，如图 7-3-3 所示。

双击光源控制模块，可以看到四个可修改数据的地方，表示的是控制光源的四个通道，背光源为单通道控制亮度，发白光；一般环形光源由红、蓝、绿三个通道来控制亮度和颜色，具体位置对应接线的位置，如图 7-3-4 所示。

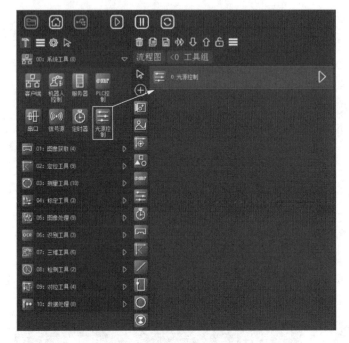

图 7-3-3　添加光源控制模块

图 7-3-4　光源控制

4．设置相机参数

双击进入"位置一"工具组，找到 PLC 控制模块添加到工具组，如图 7-3-5 所示，这一步是为了确定标准模板和待检测物品的拍照位置。接着找到相机模块并添加，如图 7-3-6 所示，并通过控制摇杆控制检测平台来找到合适的成像位置，单击"运行"按钮，然后双击相机模块，通过调整相机的"曝光"参数来保证成像质量，如图 7-3-7 所示。

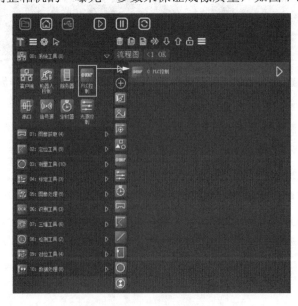

图 7-3-5　添加 PLC 控制模块

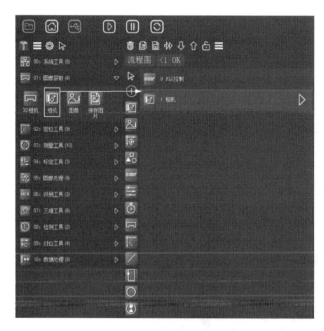

图 7-3-6　添加相机模块

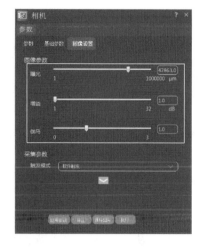

图 7-3-7　相机参数设置界面

5．确定拍照位坐标

成像结束后，需要确定此时的拍照位坐标。双击 PLC 控制模块，单击"控制设置"和"获取位置"单选按钮，再单击"执行"按钮，然后选择"轴位置"选项卡，就可以看到此时的拍照位坐标，如图 7-3-8 所示。

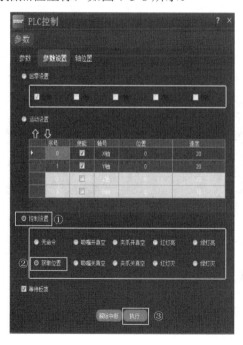

图 7-3-8　查看当前位置

在知道现在的拍照位坐标后，将 X 轴位置和 Y 轴位置分别添加到"运动设置"选项组中，然后选中"运动设置"单选按钮，如图 7-3-9 所示。后面任务在单击运行 PLC 控制模块时，就能回到此时的位置。

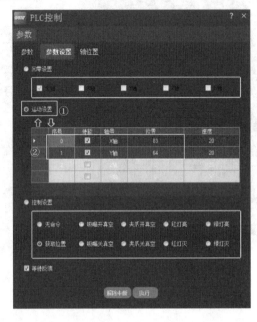

图 7-3-9　运动设置

6. 形状匹配

找到形状匹配工具并双击，单击"注册图像"按钮，会出现一个模板区域，然后使用该区域将特征部分框住，目的是定位待检测物品，然后依次单击"设置中心"→"创建模板"→"执行"按钮，最终显示效果如图 7-3-10 所示。

图 7-3-10　添加形状匹配工具

7．缺陷检测（标准模板）

1）注册图像

找到缺陷检测工具并双击，单击"注册图像"按钮，然后将印刷品内的图案框住，单击"执行"按钮，选择合适的阈值范围。因为这个是标准模板，所以检测外框是绿色的，显示效果如图 7-3-11 所示。

图 7-3-11　标准模板建立

2）设置变量

缺陷检测工具能检测图像中的物品是否存在缺陷，以及缺陷的个数、面积等参数，为了能直观显示检测结果，需要让其进行 OK/NG 判断。选择"参数"选项卡，找到输出参数中的"找到缺陷个数"选项，并单击图 7-3-12 标识③处的按钮。

然后将"类型"设置为"等于"，这么做的目的是让缺陷检测工具能对待检测物品的缺陷个数进行判断，因为这时成像的是标准模板，所以把下面的数字（缺陷个数）设定为 0，如图 7-3-13 所示。

8．关闭光源

关闭光源，如图 7-3-14 所示。

9．打开警示灯

打开红色警示灯：在"PLC 控制"对话框中，选中"控制设置"单选按钮，然后选中"红灯亮"单选按钮，如图 7-3-15 所示。

图 7-3-12　设置变量 1

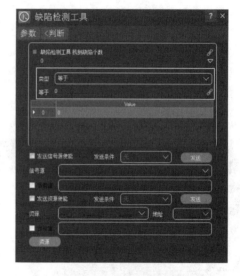

图 7-3-13　设置变量 2

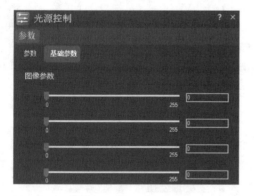

图 7-3-14　关闭光源

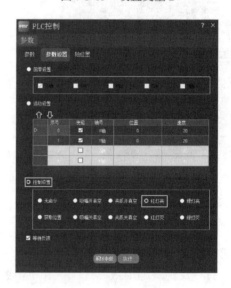

图 7-3-15　打开红色警示灯

10．添加延时时间

添加延时时间，如图 7-3-16 所示。

图 7-3-16　添加延时时间

11．关闭警示灯

关闭红色警示灯：在"PLC 控制"对话框中，选中"控制设置"单选按钮，然后选中"红灯灭"单选按钮，如图 7-3-17 所示。

图 7-3-17　关闭红色警示灯

12．复制流程

复制位置一的流程，并将其名称修改为"位置二"，如图 7-3-18 所示，将里面的第一个 PLC 控制改为第二个拍照点位，如图 7-3-19 所示。

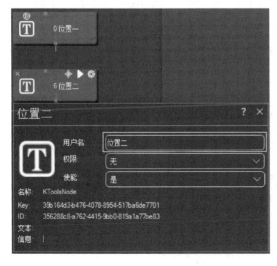

图 7-3-18　复制位置一的流程

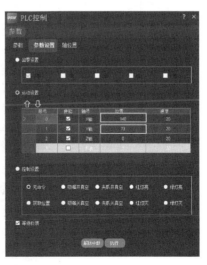

图 7-3-19　第二个拍照点位的设置

13. 相机工具

先删除位置二里的相机工具，如图 7-3-20 所示，再添加一个相机工具，添加之后形状匹配工具选择位置二相机的输出图像即可，如图 7-3-21 所示。

图 7-3-20　删除相机工具

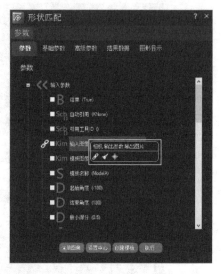

图 7-3-21　添加位置二相机的输出图像

14. 重复操作

再重复 4 次步骤 12 与步骤 13 的操作即可得到 6 个位置的印刷品检测。

15. 显示结果

在流程图界面中单击"位置"工具组右上角的图标（图 7-3-22 标识①处），找到"OK 结果"中标识②处，按下鼠标左键并将其拖动到成像界面，显示结果如图 7-3-22 所示。

图 7-3-22　显示结果

单击成像界面中的"结果"（图 7-3-23 标识①处），然后在"格式化"一栏里"0"的后面输入"：OK"（在英文输入法下），如图 7-3-23 所示。

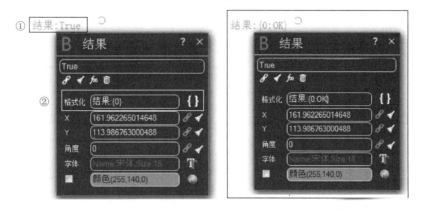

图 7-3-23　在"格式化"一栏里"0"的后面输入"：OK"

最后，回到流程图界面，单击"位置一"工具组的运行符号，就能将检测结果显示在成像界面。重复其他几个位置的设置即可。

最后整体运行一下，显示结果如图 7-3-24 所示。

图 7-3-24　整体运行后的显示结果

任务评价

任务评价如表 7-3-1 所示。

表 7-3-1　任务评价

基本信息	印刷品检测之脚本编写与检测任务					
	班级		学号		分组	
	姓名		时间		总分	
项目内容	评价内容		分值	自评	小组互评	教师评价
任务考核（60%）	操作软件完成印刷品的检测		60			
	描述脚本编写与检测工作流程		40			
任务考核总分			100			
素养考核（40%）	操作安全、规范		20			
	遵守劳动纪律		20			
	分享、沟通、分工、协作、互助		20			
	资料查阅、文档编写		20			
	精益求精、追求卓越		20			
素养考核总分			100			

 任务拓展

请同学们使用 KImage 软件中的缺陷检测工具对自己生活中的其他物品进行缺陷检测。

 知识链接

知识点 7.3.1　**形状匹配仿射矩阵的原理**

在具体的视觉应用中，当工件来料位置固定不变时，常量 ROI 可以覆盖工件来料。但是当来料位置存在较大波动时，就无法通过固定的 ROI 来实现视觉应用。这时可以通过粗定位对产品进行定位，根据定位位置、长宽、角度等数据使用生成 ROI 工具，以满足视觉应用的要求；或者利用粗定位数据，通过 ROI 校正工具对原有的固定 ROI 进行仿射变换，以跟踪产品位置，确保视觉应用的准确性。

ROI 生成的应用场合：

（1）当目标物体周边存在干扰点时，可以通过限定 ROI 来规避；

（2）当图片数据量大、ROI 小时，可以通过划定 ROI，缩短检测时间，提高运行效率。

在实际应用中，每一个待检测工件在图像中的位置都会发生偏移，从而 ROI 也需要移动，否则会导致检测不到所需要的特征。此时就可以创建定位基准，使 ROI 跟随基准移动，从而很好地解决这个问题。

在 KImage 中，形状匹配工具会输出一个仿射矩阵参数，如图 7-3-25 所示，这个参数就是 ROI 跟随的基准。

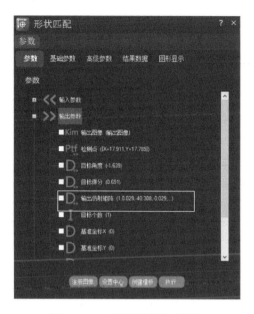

图 7-3-25 形状匹配仿射矩阵

知识点 7.3.2   形状匹配仿射矩阵的使用

在 KImage 软件中，形状匹配工具正常运行后就会输出仿射矩阵，在形状匹配工具后直接添加定位工具时，该定位工具会直接引用形状匹配的仿射矩阵，如图 7-3-26 所示程序，打开找点工具参数界面，可以在输入参数列表中查看到"仿射矩阵"栏已引用形状匹配仿射矩阵，如图 7-3-27 所示。

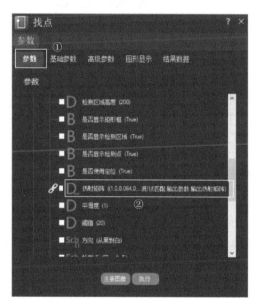

图 7-3-26 程序   图 7-3-27 找点工具参数界面

工作手册

姓名：	学号：	班级：	日期：

印刷品检测之脚本编写与检测工作手册

任务接收

表 7.3.1　任务分配

序号	角色	姓名	学号	分工
1	组长			
2	组员			
3	组员			
4	组员			
5	组员			

任务准备

表 7.3.2　工作方案设计

序号	工作内容	负责人
1		
2		
3		
4		

表 7.3.3　实训设备、工具与耗材清单

序号	名称	型号与规格	数量	备注
1				
2				
3				
4				
5				

领取人：　　　　归还人：

任务实施

（1）进行 1～6 号位印刷品检测及检测结果显示等一系列软件操作。

表 7.3.4　任务实施 1

操作	描述
1～6 号位印刷品检测	

课堂
笔记

续表

操作	描述
结果显示	
负责人		验收签字	

（2）描述脚本编写与检测工作流程。

表 7.3.5　任务实施 2

内容	描述
脚本编写与检测工作流程	
负责人		验收签字	

任务拓展

请同学们使用 KImage 软件中的缺陷检测工具对自己生活中的其他物品进行缺陷检测。

课后作业

小组合作，用 PPT 展示以下内容：

（1）缺陷检测的整体流程；

（2）缺陷检测工具的使用方法及难点；

（3）描述结果显示后的界面有哪些元素，并进行分析。

课堂
笔记

8 项目

物流包裹检测及分拣

>>>>>

◎ **项目导入**

　　近年来，网络购物呈爆发式增长，物流与快递运输企业因此也得到迅猛发展，信息化、自动化甚至智能化新技术不断涌现并应用于物流运输过程，大幅提升了包裹快件运送过程的投递效率和质量水平。此外，在规模庞大的制造企业内部，需要对各种原材料、半成品和成品在工厂内部之间进行高效递送。不论哪种情况，物料递送过程要解决的一个核心问题的实质是如何依据物料的某种特性进行测量与分拣。

　　基于机器视觉的物流包裹检测与分拣，对进一步提高工业生产效率、降低工业生产成本等方面有积极作用。在工业生产中，通过完善以机器视觉为基础的工业机器人分拣系统，并将其引入物流产业链的应用场景中，可以提高物流包裹的分拣精度和效率，降低物流行业内的用人成本。机器视觉技术本身具有较多优点，可以兼备快速识别、耐用可靠、精度较高等特质，可以在不与物流包裹发生接触的条件下，实现对物流包裹的图像采集、图像处理及判断分类。

◎ **学习目标**

知识目标

1. 理解 3D 相机成像原理；
2. 掌握物流包裹检测与分拣系统的使用方法。

能力目标

1. 能进行 3D 手眼标定；
2. 能使用机器视觉技术完成物流包裹的检测与分拣。

素质目标

1. 强化规范意识、安全意识，严格按照安全操作规程作业；
2. 强化质量意识，培养专注、细致、严谨、负责的工作态度。

认识物流包裹检测及分拣任务

 任务描述

国家邮政局公布 2024 年邮政行业运行情况，邮政行业寄递业务量累计完成 1937.0 亿件，同比增长 19.2%。其中，快递业务量累计完成 1750.8 亿件，同比增长 21.5%。认识物流包裹检测及分拣设备，了解机器视觉技术在此设备上的应用，可以加速快递业发展，满足更多人民群众的需求。在实际的物流包裹分拣中，样品按照指定角度摆放，可实现对物品的搬运或分拣，产品托盘上放置需要进行检测的目标物体。按钮盒内，设置相关按钮，实现对 X、Y、Z 轴的移动控制，设备的运行、急停等。

此外，摄像师在进行拍摄时经常会选用不同的镜头，特别是人们熟知的长焦镜头等的选取，以此来满足不同的拍摄需求。在机器视觉应用中，因为有不同的用途和检测需求，同样存在对不同镜头的选用。物流包裹分拣中的镜头又该如何选用呢？

本任务要求熟悉一些理论知识，在掌握理论知识的基础上进行必要的选型计算，以及理论上如何进行物流包裹信息的识别。

本任务所用包裹上的二维码如图 8-1-1 所示。

图 8-1-1　包裹上的二维码

任务要求

本任务是在视觉编程软件中，采用图形化编程软件，依据相机工作距离和视野选择合适尺寸的标定板。对相机、镜头、光源进行合理选型。要求：

（1）了解 3D 相机如何进行坐标系的转换及 3D 相机的手眼标定；

（2）能够通过二维码扫描识别出二维码信息；

（3）了解 3D 技术的基本概念；

（4）掌握一些特定概念，简单了解相关的算法分析；

（5）尝试通过点云处理、体积测量、3D 坐标转换等工具，获取物流包裹的三维信息。

任务准备

机器视觉系统应用实训平台、配套器件箱、工具箱、实训器材。

任务实施

包裹被随意放置在定位区，检测区包裹的放置规则：位置随机不重叠、不超出检测区域范围，尽量不要并排放置。检测任务如下：

（1）定位包裹的 3D 位置；

（2）测量包裹的长、宽、高，并计算面积、体积；

（3）识别包裹上的二维码。

任务实施步骤如下：

首先安装调试相机镜头，使相机在触发模式下能够正常采集图像，且工作距离合理、相机视野合理、曝光设置合理；其次安装调试组合光源，并调试整机使得 X、Y、Z 各轴正常工作；最后进行相机标定、手眼标定。

任务评价

任务评价如表 8-1-1 所示。

表 8-1-1　任务评价

基本信息	认识物流包裹检测及分拣任务					
	班级		学号		分组	
	姓名		时间		总分	
项目内容	评价内容		分值	自评	小组互评	教师评价
任务考核（60%）	描述物流包裹检测及分拣视觉系统的概念及意义		20			
	描述物流包裹检测及分拣系统的结构组成与功能		20			
	描述包裹定位抓取流程		40			
	计算像素分辨率		20			
	任务考核总分		100			
素养考核（40%）	操作安全、规范		20			
	遵守劳动纪律		20			
	分享、沟通、分工、协作、互助		20			
	资料查阅、文档编写		20			
	精益求精、追求卓越		20			
	素养考核总分		100			

任务拓展

举例说明机器视觉技术在快递行业中是如何实现包裹的自动分拣和传输的。

 知识链接

知识点 8.1.1   了解 3D 技术

微课：3D 视觉技术

3D 是英文 three dimensions 的简称，中文是指三维、三个维度、三个坐标，即有长、宽、高。3D 技术效果如图 8-1-2 所示。3D 机器视觉技术在生活和生产方面的应用：在汽车行业，通过对汽车生产线上的车身快速扫描，可以精确地检测出车身的外形尺寸误差，极大地提高产品质量和生产效率。

在电子元器件行业，通过对元器件的定位与缺陷检测，可以快速地检测出电子元器件引脚的缺焊、漏焊，提高产品质量和生产效率。元器件定位与缺陷检测如图 8-1-3 所示。

图 8-1-2   3D 技术效果

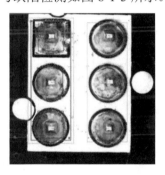

图 8-1-3   元器件定位与缺陷检测

在物流行业，通过对包裹的识别进行分拣与分类，可以使快递公司避免因人工分拣而损坏物品的现象。使用机器视觉技术配合机器人不仅可极大地减少包裹损坏率，还可以提高效率，减少人工成本。利用机器视觉技术实现包裹分拣与分类如图 8-1-4 所示。

图 8-1-4   利用机器视觉技术实现包裹分拣与分类

知识点 8.1.2   3D 相机成像原理

3D 相机（又称为深度相机），通过相机能检测出拍摄空间的距离信息，这也是与普通摄像头最大的区别。普通的彩色相机能看到相机视角内的所有物体并记录下来，但是其所记录的数据不包含这些物体距离相机的距离，仅仅能通过图像的语义分析来判断哪些物体比较远，哪些比较近，并没有确切的数据。而 3D 相机能够解决该问题，通过 3D 相机获取到的数据，能准确知道图像中每一个点与摄像头的距离，这样加上该点在 2D 图像中的 XY 坐标，就能获取图像中每个点的三维空间坐标。而 3D 相机的成像方法主要分为三类，分别是主动式、被动式和基于 RGB-D 相机，如图 8-1-5 所示。

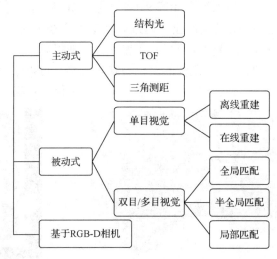

图 8-1-5   3D 相机成像方法

3D 结构光，通常采用特定波长的不可见激光作为光源，它发射出来的光带有编码信息，投射在物体上，通过一定算法计算返回的编码图案的畸变来得到物体的位置和深度信息，如图 8-1-6（a）所示。

光飞行时间法（time of flight，TOF），利用测量光飞行时间来取得距离，简单来说就是，发出一道经过处理的光，碰到物体以后会反射回来，捕捉来回的时间，因为已知光速和调制光的波长，所以能快速、准确地计算出到物体的距离，如图 8-1-6（b）所示。

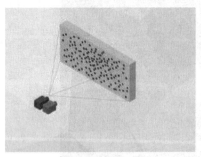
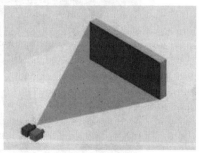

（a）3D 结构光原理　　　　　　　　　　（b）TOF 原理

图 8-1-6   成像原理

双目立体视觉，基于视差原理并利用成像设备从不同的位置获取被测物体的两幅图像，然后从两幅图像中分别提取出对应的匹配点并计算匹配点之间的视差，最后利用三角几何原理从视差信息中解算出定量的三维几何信息，来获取物体的三维信息。

视差：视差就是从有一定距离的两个点上观察同一个目标所产生的方向差异，如图 8-1-7 所示。从目标看两个点之间的夹角，称为这两个点的视差角，这两点之间的连线称为基线。只要知道视差角度和基线长度，就可以计算出目标和观测者之间的距离。例如，当你伸出一根手指放在眼前，先闭上右眼看它，再闭上左眼看它，会发现手指的位置发生了变化，这就是从不同角度去看同一点的视差。

图 8-1-7 视差

知识点 8.1.3 **点云数据与表面拟合**

1. 点云数据

点云数据是指在一个三维坐标系统中的一组向量的集合。这些向量通常以三维坐标 (X,Y,Z) 的形式表示，而且一般主要用来代表一个有深度信息的物体的外表面形状，如图 8-1-8 所示。

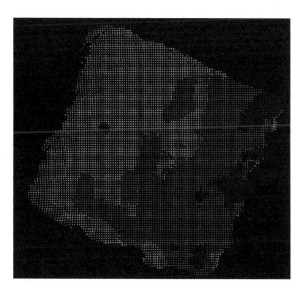

图 8-1-8 包裹点云

Eg.Pi = $\{X_i, Y_i, Z_i, \cdots\}$ 表示空间中的一个点，则 Point Cloud = $\{P_1, P_2, \cdots, P_n\}$ 表示一组点云数据。

2. 点云数据的获取

点云数据大多数是由 3D 扫描设备，如激光雷达、立体摄像头、飞行时间相机产生的。这些设备用自动化的方式测量在物体表面的大量的点的信息，然后用某种数据文件输出点云数据。这些点云数据就是扫描设备所采集到的。

3. 表面拟合

表面拟合：通俗意思就是将一个个拟合的"线"集合起来制作出的一个面。在 3D 机器人搬运中表面拟合的作用是给 3D 相机一个基准面，能在之后计算 Z 值时更加准确。

📖 工作手册

姓名:	学号:	班级:	日期:

认识物流包裹检测及分拣任务工作手册

任务接收

表 8.1.1　任务分配

序号	角色	姓名	学号	分工
1	组长			
2	组员			
3	组员			
4	组员			
5	组员			

任务准备

表 8.1.2　工作方案设计

序号	工作内容	负责人
1		
2		
3		
4		

课堂
笔记

表 8.1.3 实训设备、工具与耗材清单

序号	名称	型号与规格	数量	备注
1				
2				
3				
4				
5				
6				
7				

领取人：　　　　　归还人：

任务实施

（1）描述物流包裹检测与分拣视觉系统的概念及意义。

表 8.1.4 任务实施 1

内容	描述
物流包裹检测与分拣视觉系统的概念及意义	
负责人	验收签字

（2）描述物流包裹检测与分拣系统的结构组成与功能。

表 8.1.5 任务实施 2

内容	描述
物流包裹检测与分拣系统的结构组成与功能	
负责人	验收签字

（3）描述包裹定位抓取流程。

表 8.1.6 任务实施 3

内容	描述
包裹定位抓取流程	
负责人	验收签字

课堂
笔记

（4）计算像素分辨率。

表 8.1.7　任务实施 4

内容	计算过程
计算像素分辨率〔视野 FOV 尺寸为 16mm×12mm，选用 200 万像素的相机（1600×1200）〕	
负责人		验收签字	

任务拓展

举例说明机器视觉技术在快递行业中是如何实现包裹的自动分拣和传输的。

课后作业

小组合作录制以下视频：

（1）相机标定过程；

（2）手眼标定过程；

（3）包裹定位抓取过程。

任务 8.2

物流包裹检测及分拣之硬件选型与安装

任务描述

本任务是完成物流包裹检测及分拣的硬件选型与安装。

任务要求

计算得出合适的镜头与相机，现场实现各项硬件的互连。

（1）熟练掌握机器视觉设备的操作方法；

（2）掌握硬件的连接方法。

任务准备

机器视觉系统应用实训平台、配套器件箱、工具箱、实训器材。

任务实施

1．选取镜头

根据实际需要，选用 2D 相机 B（图 8-2-1）与 35mm 镜头。

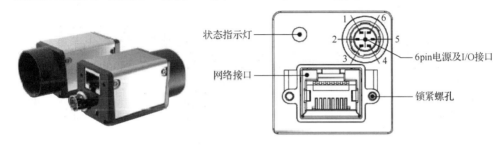

图 8-2-1　2D 相机 B

（1）2D 相机（相机 B）拥有 500 万（2448×2048）像素，黑白全局快门，采用 CMOS 芯片，使用 GigE Vision（千兆以太网）接口，理论上最高为 1Gbit/s 宽带，最大传输距离可到 100mm。2D 相机的 128MB 板上缓存用于突发模式下的数据传输或图像重传；能支持软件触发、硬件触发、自动运行等多种模式；支持锐度、降噪、伽马校正、查找表、电黑平校正、亮度、对比度等 IPS 功能；支持多种图像数据格式输出；此外，还兼容 USB 3 Vision 协议和 GenLCam 标准；支持 POE 供电，DC 6～26V 宽压供电。

（2）相机 ZM3D-RS1920 是一体式 3D 相机，可以进行 3D 标定、3D 匹配、3D 体积测量等，实现基于双目特征的匹配和基于立体模式的匹配，它在横向的视野范围是 0.5～3m，最近的直线工作距离是 0.35m。执行搬运操作时，相机与末端执行器配合，实现物流包裹的搬运工作。末端执行器是在外置 θ 轴（旋转轴）连接一个吸盘，通过吸取样品并旋转角度实现样品按照指定角度摆放、物品搬运、物品分拣等相关操作。相机可安装在 Z 轴上，θ 轴重复精度优于±0.5°，可连续回转。

2．认识按钮盒

按钮盒如图 8-2-2 所示，包括急停按钮、设备加电按钮、XY 轴手动控制摇杆、主要用于摇杆使能的旋钮开关。

（1）加电按钮：在保证设备插到电源孔上，过载保护空气开关在打开状态的情况下，旋开急停按钮，按下加电按钮可使设备加电。

（2）旋钮开关：摇杆使能，控制摇杆功能有效与否（顺时针拧到底时摇杆为有效）。

（3）控制摇杆：手动控制 X、Y 轴的运动。

注意：在不使用控制摇杆时，将旋钮开关置于其他挡位。

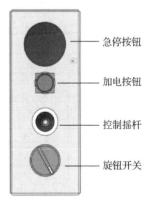

图 8-2-2　按钮盒

3. 工业相机与快换板的连接

工业相机与快换板的连接（2D、3D）如图8-2-3所示。

（1）取出相机的快换板，注意快换板上有一个转接件，其中有3个孔的为2D相机连接件，4个孔的为3D相机连接件；

（2）取出M3×6的螺钉和对应的六角扳手，将相机固定到快换板上，即完成安装。

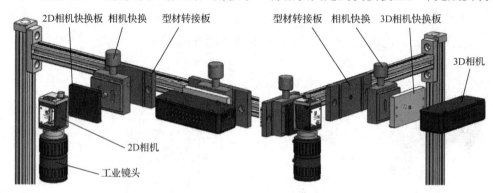

图 8-2-3　工业相机与快换板的连接（2D、3D）

4. 工业相机的接线

相机分为USB接口和GigE接口，其中USB的2D和3D相机都是直接插到上面板上的USB口即可；GigE接口的相机需要一根2D相机电源线和一根千兆网线，其中网线直接连接到面板上的网口，电源线按照线标接到12V供电接口。

5. 外置θ轴的安装

θ轴上有4根连接线，分别为A+、A-、B+、B-，将对应接线端子接入控制面板上的A+、A-、B+、B-即可；θ轴上有个吸盘，需要通过气管将其连接至面板的气管接头上。

🖥 任务评价

任务评价如表8-2-1所示。

表 8-2-1　任务评价

基本信息	物流包裹检测及分拣之硬件选型与安装任务					
	班级		学号		分组	
	姓名		时间		总分	
项目内容	评价内容		分值	自评	小组互评	教师评价
任务考核（60%）	设备选型		25			
	硬件准备		25			
	描述硬件组装内容		25			
	检查硬件运行前的安全性		25			
	任务考核总分		100			

项目内容	评价内容	分值	自评	小组互评	教师评价
素养考核 （40%）	操作安全、规范	20			
	遵守劳动纪律	20			
	分享、沟通、分工、协作、互助	20			
	资料查阅、文档编写	20			
	精益求精、追求卓越	20			
素养考核总分		100			

 任务拓展

请同学们思考在连接硬件时如何做到又快又准确。

 **知识链接**

知识点 8.2.1　3D 相机相关坐标系的转换

坐标系如图 8-2-4 所示。

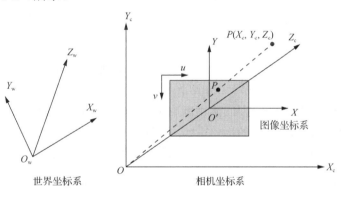

图 8-2-4　坐标系

世界坐标系 (X_w, Y_w, Z_w) 是目标物体位置的参考系。除了无穷远，世界坐标系可以根据运算方便与否自由放置。在双目视觉中，世界坐标系主要有以下三个用途：

（1）标定时确定标定物的位置。

（2）作为双目视觉的系统参考系，给出两台相机相对世界坐标系的关系，从而求出相机之间的相对关系。

（3）作为重建得到三维坐标的容器，盛放重建后的物体的三维坐标。世界坐标系是将看见的物体纳入运算的第一站。

相机坐标系 (X_c, Y_c, Z_c) 是相机站在自己角度上衡量的物体的坐标系。相机坐标系的原点在相机的光心上，z 轴与相机的光轴平行。它是与拍摄物体发生联系的桥头堡，世界坐标系下的物体需先经历刚体变化转到相机坐标系（旋转和平移），再和图像坐标系发生联系。它是图像坐标与世界坐标之间发生联系的纽带。

场景中的三维点在图像平面上的投影，其坐标原点在 CCD 图像平面的右上方，u 轴平行于 CCD 平面水平向右，v 轴垂直于 u 轴向下，坐标用 (u,v) 表示。注：这里的 (u,v) 表示的是该像素在数组中的列数和行数。

世界坐标是怎样变换进相机，投影成图像坐标的呢？

图 8-2-5 中显示，世界坐标系通过刚体变换到达相机坐标系，然后相机坐标系通过透视投影变换到达图像坐标系。可以看出，世界坐标与图像坐标的关系建立在刚体变换和透视投影变换的基础上。

图 8-2-5　坐标系转换

知识点 8.2.2　**3D 手眼标定原理**

在 3D 技术中有一个重要的应用便是通过机器人抓取被识别的物体。例如，进行组装或将物体放置在预定位置，通过对物体的识别，可以确定相机坐标系下物体的位姿。但为了完成物体的抓取，需要将物体的位姿转换到机器人坐标系下。为此，需要求取已知相机到机器人的转换关系。而这个位姿的确定过程，一般称为手眼标定。

就像相机标定一样，手眼标定通常也通过标定板进行。为此，机器人的工具将会被移动到 n 个不同的机器人位姿。在每个位姿下，相机都会对标定板进行一次图像采集。对于运动相机，将标定板放置于机器人工作空间中的一个固定位置（图 8-2-6）。而对于固定相机，标定板需要与工具建立刚性的物理连接，并随机器人一起运动（图 8-2-7）。如果相机的内参是未知的，可以使用标定图像做完整的标定，即确定相机的内参及每张标定图像的外参。如果内参是已知的，那么只需要确定每张标定图像的外参即可。

一般情况下，视觉引导机器人有两种不同的配置：将相机安装在机器人的工具上，并随着机器人运动到不同的位置进行图像采集（运动相机方案如图 8-2-6 所示），或者将相机安置在机器人外部，并相对于机器人的基座静止，从而观测机器人的工作空间（固定相机方案如图 8-2-7 所示）。

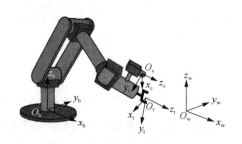
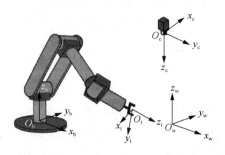

图 8-2-6　运动相机 1　　　　　　　　　图 8-2-7　固定相机 1

图中两种可能出现的视觉引导机器人配置：运动相机和固定相机。

在手眼标定过程中，涉及下列 4 个坐标系：世界坐标系（WCS）(O_w, x_w, y_w, z_w)，独立于机械手的运动；基座坐标系（BCS）(O_b, x_b, y_b, z_b)，通常位于机器人基座位置，其中 x-y 平面平行基座安装平面且 z 轴向上；工具坐标系（TCS）(O_t, x_t, y_t, z_t)，由机器人工具确定并与机械接口绑定，TCS 的原点通常表示工具的中心点；相机坐标系（CCS）(O_c, x_c, y_c, z_c)。

图 8-2-8、图 8-2-9 为在运动相机和固定相机两种情况下的四坐标系（相机、基座、工具及标定板）的转换。图中实线表示在手眼标定过程中作为输入的已知的转换关系，虚线表示需要通过手眼标定求解的位姿的转换关系。值得注意的是，在上述两种情况下，这 4 个转换关系都是以闭环形式存在的；一般可以使用任意物体代替标定板进行标定。在这种情况下，可以使用三维物体识别算法来确定物体和传感器的三维位姿关系。

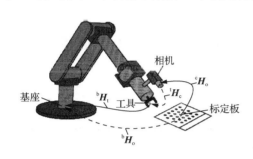

图 8-2-8　运动相机 2

图 8-2-9　固定相机 2

经过这一步，可以获取每张图像中标定板相对于相机的位姿 $^c H_o$。在这里使用 $^{c2} H_{c1}$ 表示一个刚性的三维变换或位姿。它为一个可以将三维点从坐标系 c1 转换到 c2 的 4×4 齐次转换矩阵。此外，工具相对于基座的位姿 $^b H_t$（或它的逆 $^t H_b$）可以从机器人控制器获得，因此对于全部的 n 张图像，它们都是已知的。如果机器人控制器只返回机械接口的位姿，则需要人为添加工具相对于机械接口的位姿。对于运动相机，固定的位姿转换关系为 $^t H_c$（即相机相对于工具的位姿），此外还有 $^b H_o$（即标定板相对于基座的位姿）。对于固定相机，固定的位姿转换关系为 $^c H_b$（即相机相对于基座的位姿）及 $^t H_o$（即工具相对于标定板的位姿）。这些转换可以相互连接并形成一个闭环，对于运动相机，有

$$^b H_o = {}^b H_t \, {}^t H_c \, {}^c H_o$$

对于固定相机，有

$$^t H_o = {}^t H_b \, {}^b H_c \, {}^c H_o$$

这两个等式都拥有相同的结构：

$$Y = A_i X B_i$$

式中，A_i 为工具相对于基座的第 i 个位姿；B_i 为相机相对于标定板的第 i 个位姿，$i = 1, 2, \cdots, n$。

在等式中，未知项为 X，对于运动相机，表示相机相对于工具的位姿；对于固定相机，表示相机相对于基座的位姿。

对于一对不同的机器人位姿 i 和 j，可以得到两个等式 $Y = A_i X B_i$ 和 $Y = A_j X B_j$。通过这两个等式可以消除位姿 Y：

$$A_i X B_i = A_j X B_j$$

通过代换，得

$$A_j^{-1} A_i X = X B_j B_i^{-1}$$

令 A 为 $A_j^{-1} A_i$，B 为 $B_j B_i^{-1}$，最终等式化简为

$$AX = XB$$

当机器人从位姿 i 移动至位姿 j 时，式中 A 表示工具的移动，而 B 表示相机的移动或标定板的移动。

📝 工作手册

姓名:	学号:	班级:	日期:

物流包裹检测及分拣之硬件选型与安装工作手册

任务接收

表 8.2.1　任务分配

序号	角色	姓名	学号	分工
1	组长			
2	组员			
3	组员			
4	组员			
5	组员			

任务准备

表 8.2.2　工作方案设计

序号	工作内容	负责人
1		
2		
3		
4		

课堂
笔记

表 8.2.3　实训设备、工具与耗材清单

序号	名称	型号与规格	数量	备注
1				
2				
3				
4				
5				
领取人：　　　归还人：				

任务实施

（1）先后进行相机与镜头、相机与快换板，以及相机本身的连接。

表 8.2.4　任务实施 1

内容	描述	
相机与镜头		
相机与快换板		
相机本身的连接		
负责人		验收签字

（2）描述硬件组装过程。

表 8.2.5　任务实施 2

内容	描述	
硬件组装过程		
负责人		验收签字

（3）检查硬件运行前的安全性。

进行所有操作之前必须检查设备的安全性，确保接线牢固、无误，不会发生短路、漏电等危险。

任务拓展

请同学们思考在连接硬件时如何做到又快又准确。

课后作业

（1）在根据公式计算焦距时，可以发现计算出的理论数值和实际上得到的数值存在差距，试讨论差距的来源，并讨论如何解决差距。

（2）小组合作，录制设备硬件组装视频，然后在小组间进行现场组装比赛。

任务 8.3

物流包裹检测及分拣之脚本编写与检测

🔍 任务描述

根据前期所有的准备工作，进行物流包裹检测及分拣的相关脚本编写与检测工作，并对前面的知识进行查漏补缺。

📖 任务要求

本任务在视觉编程软件中，采用图形化编程软件，请依据相机工作距离和视野选择合适尺寸的标定板。要求：

微课：系统与图像获取工具

（1）完成 3D 相机与吸嘴之间的 3D 手眼标定；

（2）通过二维码扫描识别出二维码信息；

（3）通过点云处理、体积测量、3D 坐标转换等工具，获取物流包裹的三维信息；

（4）建立分支抓取识别出的四个不同信息的包裹并放置到指定位置。

⚙️ 任务准备

机器视觉系统应用实训平台、配套器件箱、工具箱、实训器材。

🔧 任务实施

1. 硬件选型及安装

（1）相机、镜头和光源选型（提示：视野大小为 80mm×60mm，视野范围允许有一定的正向偏差，最大不得超过 10mm；工作距离为 200～250mm，使用黑白相机并要求单个像素精度小于 0.05mm/像素）。

（2）相机、镜头和光源相关参数设置。

（3）将相机、镜头、光源和治具等安装在合理的位置。

2. 新建手眼标定

1）设置拍照位及采图

打开图像获取，将"3D 相机"拖拽至"PLC 控制"下方，如图 8-3-1 所示，双击 3D 相机，选择设备中的 3D 相机，单击"运行"按钮，如图 8-3-2 所示，运行后会出现成像，如图 8-3-3 所示。

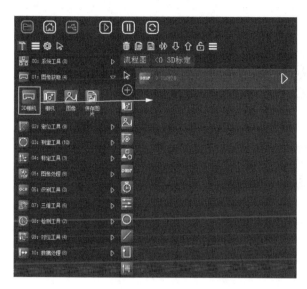

图 8-3-1　添加 3D 相机

图 8-3-2　3D 相机参数

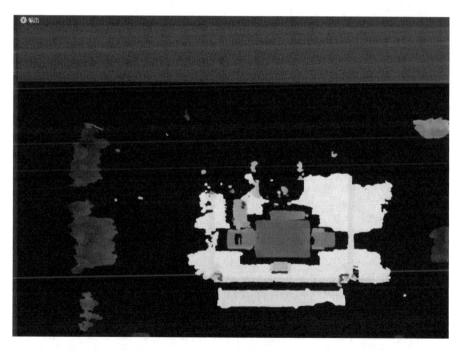

图 8-3-3　点云图

单击相机成像框左上角的"输入"选项，如图 8-3-4 所示，单击"输出"选项，如图 8-3-5 所示，展开 5 个成像图，从上往下输出的图像分别为点云图、X 轴成像图（图 8-3-6）、Y 轴成像图（图 8-3-7）、Z 轴成像图（图 8-3-8）及灰度图（图 8-3-9）。

图 8-3-4 相机输入

图 8-3-5 相机输出

图 8-3-6 X 轴成像

图 8-3-7 Y 轴成像

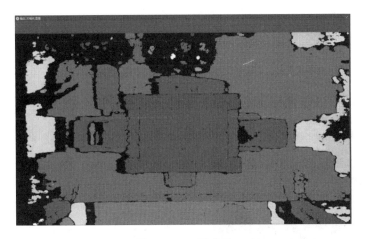

图 8-3-8　Z轴成像

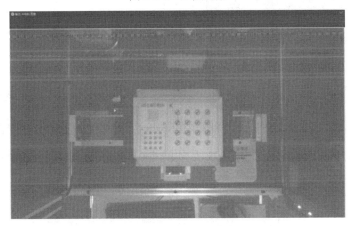

图 8-3-9　灰度图 1

在相机灰度图中，我们发现灰度图不够清晰，这时应该调整"曝光"与"增益"参数，之前的曝光时间为 25000，将其增加至 40000 后，单击"执行"按钮，查看输出图像中的灰度图，可以看出成像更明亮了，如图 8-3-10 所示。这便于进行查找特征点。

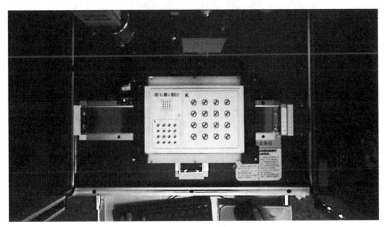

图 8-3-10　灰度图 2

成像清晰后，需要固定拍照位，双击打开"PLC 控制"界面，选中"控制设置"单选按钮，选中"获取位置"单选按钮，单击"执行"按钮，如图 8-3-11 所示。这时在"PLC 控制"中就获取了当前运动设备的轴位置，如图 8-3-12 所示。选择"参数设置"选项卡，选中"运动设置"单选按钮，然后单击"执行"按钮，将 X 轴位置与 Y 轴位置的值分别填入"运动设置"选项组中的 X 轴、Y 轴，如图 8-3-13 所示。

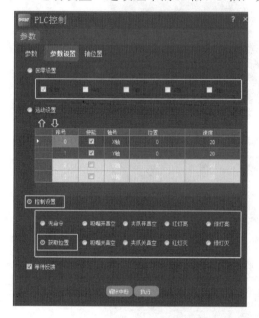

图 8-3-11　获取位置

图 8-3-12　获取当前轴位置

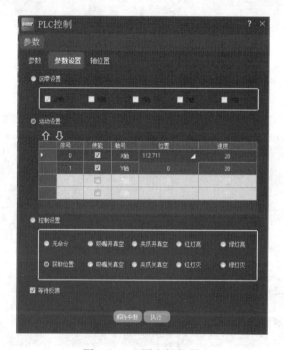

图 8-3-13　固定轴位置

2）添加点云处理

打开三维工具，将"点云处理"拖拽至"3D相机"下方，双击"点云处理"选项，点云模型设置需要引用3D相机的点云模型。单击"点云模型"栏右侧的小三角（图8-3-14标识①处），单击"添加引用"按钮（图8-3-14标识②处）。

在"变量引用"选项卡中，选择"KFlowNode" ·"3D标定"→"3D相机"选项，选中"输出参数.点云模型"复选框（图8-3-15标识③处），设置完成后关闭对话框，再次打开会出现成像。单击设置ROI，框选工作区域，如图8-3-16所示，单击"运行"按钮，出现框选区域的点云图像，如图8-3-17所示。

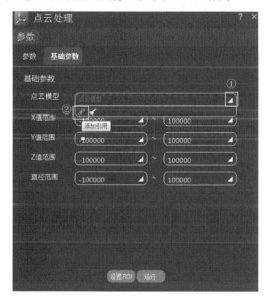

图 8-3-14　添加点云处理

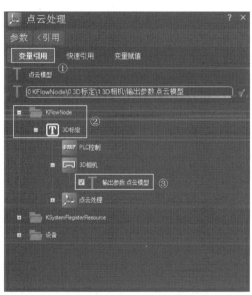

图 8-3-15　引用点云模型

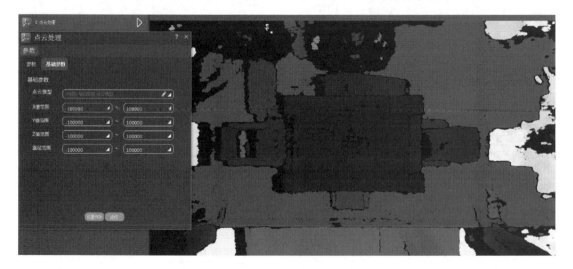

图 8-3-16　框选 ROI

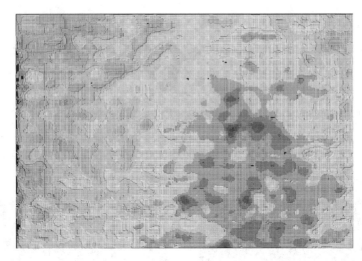

图 8-3-17　点云图像

3）查找特征点

打开定位工具，将"查找特征点"工具拖拽至"点云处理"下方，双击"查找特征点"选项，单击"参数"→"输入参数"→"输入图像"后的括号，单击"添加引用"按钮，如图 8-3-18 所示。

单击"添加引用"按钮后，在"变量引用"选项卡中选择"流程图"→"3D 标定"→"3D 相机"选项，选中"输出参数.灰度图像"复选框（图 8-3-19 标识②处）。关闭对话框后再次打开出现成像，如图 8-3-20 所示，单击"执行"按钮，发现成像并未找到特征点，这时需要更改平滑系数及阈值，将平滑系数改为"1"，单击"执行"按钮，这时成功找到了标定板上的特征点，如图 8-3-21 所示。

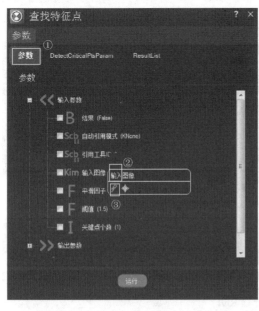

图 8-3-18　查找特征点输入图像引用

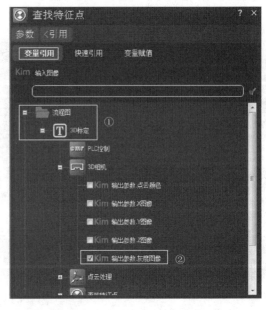

图 8-3-19　引用输入图像

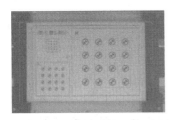

图 8-3-20　查找特征点　　　　　　　图 8-3-21　更改参数后查找特征点

4）3D 点坐标获取

打开三维工具，将"3D 点坐标获取"拖拽至"查找特征点"下方，双击打开，先单击"引用工具"栏中的小三角（图 8-3-22 标识①处），然后单击引用工具标识②处，在弹出的"引用工具"窗口中选择"流程图"→"3D 标定"选项，选中"点云处理"复选框，如图 8-3-23 所示，单击"确定"按钮。关闭"引用工具"窗口后再打开，先单击"特征点"栏中的小三角（图 8-3-24 标识①处），然后单击"添加引用"按钮（图 8-3-24 标识②处），进入"引用"界面，选择"流程图"→"3D 标定"→"查找特征点"选项，选中"输出参数关键点"复选框，如图 8-3-25 所示。

图 8-3-22　添加 3D 点坐标获取引用工具

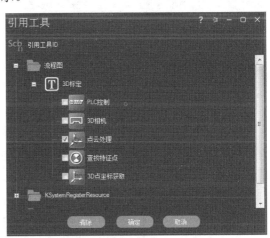

图 8-3-23　引用点云处理

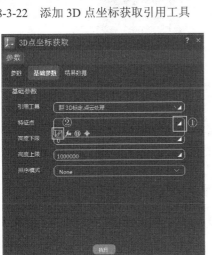

图 8-3-24　特征点引用 1

图 8-3-25　特征点引用 2

单击"执行"按钮后，在"参数"界面中选择"参数"→"输出参数"选项，这时会发现 X、Y、Z 坐标均有输出，如图 8-3-26 所示。先单击"X 坐标"后的括号，再单击标识②处的按钮，进入"计算器"界面。图 8-3-27 标识①处的"kv( )"代表着自身变量，在获取 3D 点坐标后需要输入"kv(0)*1000"。这是因为默认获取的点坐标单位是米（m），而运动装置的默认单位是毫米（mm），所以需要进行单位转换。然后单击"="按钮。

图 8-3-26　打开计算器

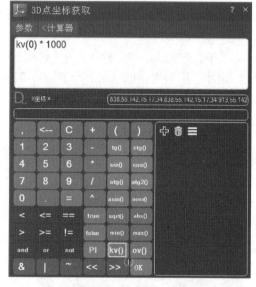

图 8-3-27　单位转换

5）添加 3D 手眼标定

打开三维工具，将"3D 手眼标定"拖拽至"3D 点坐标获取"下方，双击打开"3D 手眼标定"界面，选择"参数"选项（图 8-3-28 标识①处），先单击"X 图像坐标"后的括号，再单击"添加引用"按钮（图 8-3-28 标识②处）。

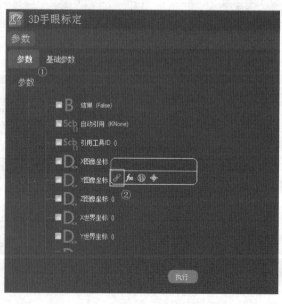

图 8-3-28　添加手眼标定引用坐标

在"变量引用"选项卡中，选择"流程图"→"3D 标定"→"3D 点坐标获取"选项，选中"输出参数 X 坐标"复选框，然后重复之前的步骤分别将 Y 图像坐标和 Z 图像坐标引用 3D 点坐标获取的输出参数中的输出参数 Y 坐标、输出参数 Z 坐标，如图 8-3-29 所示。

因为之前查找特征点是 9 个点位，所以世界坐标也要相应地给 9 个点位的空值，双击 X 世界坐标，单击"添加"按钮（图 8-3-30 标识①处）8 次，直至空值一共有 9 个为止。而后将 Y、Z 的世界坐标重复以上操作，有 9 个值为 0 的数后单击"执行"按钮，关闭对话框后再次打开。

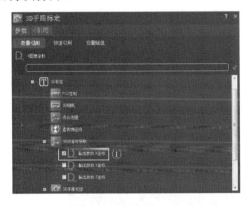

图 8-3-29　引用 3D 点坐标的输出参数 X 坐标

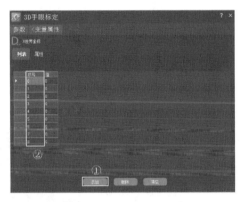

图 8-3-30　添加空的世界坐标

重新打开后的"3D 手眼标定"对话框中更新出了 9 个坐标。新添加 PLC 控制，打开对话框后，取消选中"运动设置"选项组中 X 轴、Y 轴的复选框，选中 Z 轴，慢慢加大 Z 轴的值，让机械手末端降低至标定板上方，选中"控制设置"单选按钮，选中"获取位置"单选按钮，选择"轴位置"选项卡，接下来使用手动摇柄，将机械手末端移动至查找的特征点的 P0 点正上方，执行 PLC 控制，将执行后获得的当前位置的 X、Y 值分别复制到手眼标定的工具 X、工具 Y 下对应的值，重复以上操作至 0～8 个特征点的 X、Y 值都复制到对应的工具坐标下，如图 8-3-31 所示。这里工具 0～8 的点位需要与查找特征点 P0～P8 的点位顺序一致。工具坐标填写完后，单击"执行"按钮。右击新添加的"PLC 控制"选项，在弹出的快捷菜单中选择"删除"选项即可，如图 8-3-32 所示。

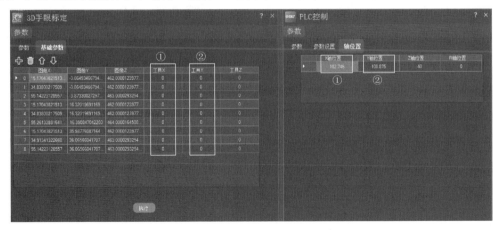

图 8-3-31　手眼标定

图 8-3-32　删除 PLC 控制

3．添加表面拟合

退出 3D 标定工具组，添加新工具组，将工具组拖拽至流程图中，单击工具组"T"字图案，修改用户名为表面拟合，如图 8-3-33 所示。

图 8-3-33　添加新工具组

双击打开表面拟合工具组，打开三维工具，将"表面拟合"拖拽至工具组中，如图 8-3-34所示，双击"表面拟合"选项，单击"Z 图像"栏右侧的小三角，如图 8-3-35 标识①处，再单击"添加引用"按钮，如图 8-3-35 标识②处，进入"变量引用"界面，选择"流程图"→"3D 标定"→"点云处理"选项，选中"输出参数.Z 图像"复选框，如图 8-3-36 所示。

图 8-3-34　添加表面拟合工具

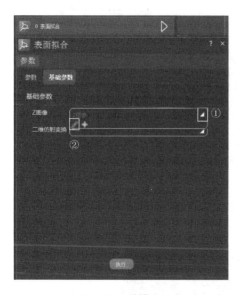

图 8-3-35　引用参数

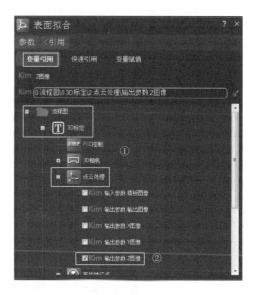

图 8-3-36　引用 Z 图像

引用完成后出现图像，如图 8-3-37 所示，设置 ROI，框选没有噪点的部分，框选完后单击"执行"按钮，就出现了如图 8-3-38 所示的成像。之所以将表面拟合单独放在一个工具组，是因为表面拟合工具会给待测量物体创建一个基准平面，该基准面在表面拟合工具执行完成后便创建完成，之后不需要重复创建。完成后，单击流程图退出表面拟合工具组。

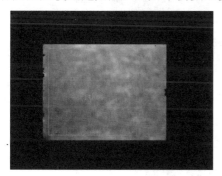

图 8-3-37　框选 ROI

图 8-3-38　表面拟合成像

4. 搭建分拣流程

（1）预览项目流程图（图 8-3-39）。

（2）添加 3D 抓取流程图（图 8-3-40）。3D 拍照后进行点云处理，筛选出物体的深度信息，利用体积测量测出物体的坐标信息并利用基准平面测出物体的实际高度信息，再通过用户变量将 3 个信息组合在一起，使其成为一个坐标点集，最后经过做的标定数据将相机坐标转换为世界坐标。

（3）设置循环工具。添加循环模块，单击设置，将标识①处的"For 循环结束"更改为"4"，需要循环几次就更改为几，将标识②处的循环跳出条件改为"True"，如图 8-3-41 所示。

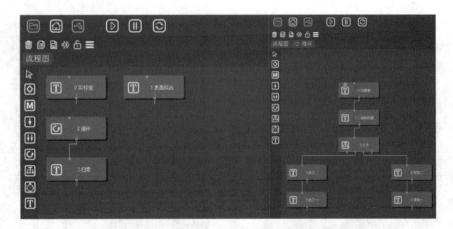

图 8-3-39　项目流程

图 8-3-40　3D 抓取流程

图 8-3-41　设置循环工具

（4）添加二维码扫描流程（图 8-3-42）。确定拍照位后，执行相机成像，添加二维码检测。在二维码识别参数中可以设置 global（全局扫描）或 local（局部扫描）。

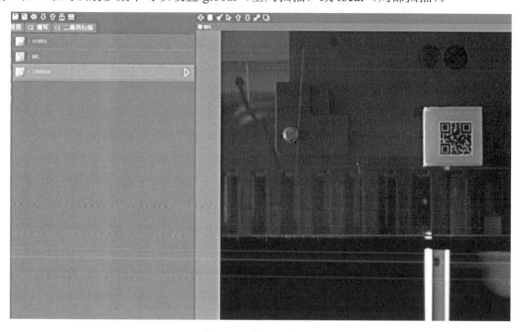

图 8-3-42　二维码扫描

（5）使用分支模块。添加分支模块后，设置参数，单击图 8-3-43①、②处，双击标识③处的"参数"，在弹出的"编辑参数"界面中找到 String 函数（图 8-3-43 标识④处），更改用户名（图 8-3-43 标识⑤处），单击"添加"按钮（图 8-3-43 标识⑥处）。重复操作添加四个用户名不同的 String 函数。选择"快捷方式"选项卡，在出现的四个 String 函数中分别引用二维码检测的输出信息，如图 8-3-44 所示。

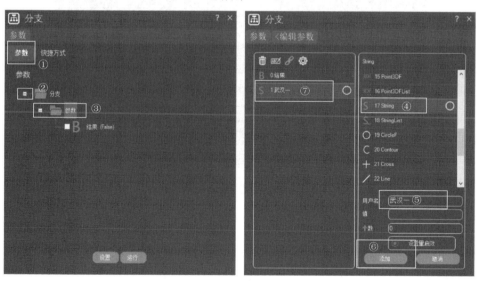

图 8-3-43　设置分支参数 1

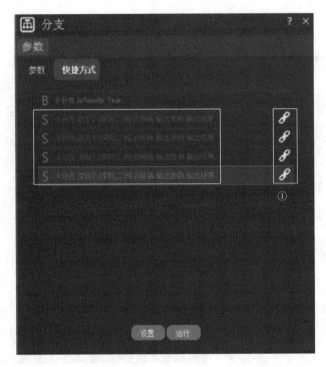

图 8-3-44　设置分支参数 2

（6）添加搬运放置点位。创建四个工具组，更改用户名为二维码扫描的结果，一一对应分支输出结果，在工具中添加 PLC 控制，将识别出来的物流包裹搬运至指定区域。搬运至指定区域模块如图 8-3-45 所示。

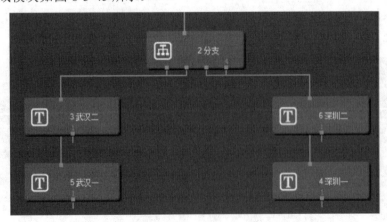

图 8-3-45　搬运至指定区域模块

 任务评价

任务评价如表 8-3-1 所示。

表 8-3-1　任务评价

基本信息	物流包裹检测及分拣之脚本编写与检测任务					
	班级		学号		分组	
	姓名		时间		总分	
项目内容	评价内容		分值	自评	小组互评	教师评价
任务考核（60%）	操作软件完成物流包裹检测及分拣		60			
	描述检测脚本编写完成后显示的样例		20			
	反思与总结		20			
	任务考核总分		100			
素养考核（40%）	操作安全、规范		20			
	遵守劳动纪律		20			
	分享、沟通、分工、协作、互助		20			
	资料查阅、文档编写		20			
	精益求精、追求卓越		20			
	素养考核总分		100			

任务拓展

联系自己日常生活中取快递的过程或者取快递的方式改变，思考包裹检测与分拣的利弊，指出可以优化的地方。

知识链接

知识点 8.3.1　曝光时间

曝光时间指相机的感光芯片感应光照的时长。曝光时间越长，进的光就越多。曝光时间设置长一些适于光线条件比较差的情况，曝光时间短则适于光线比较好的情况。如果光照条件非常差，曝光时间也不能无限增加，因为随着曝光时间的增加，噪声也会不断积累。

知识点 8.3.2　增益参数

增益参数是指在光照弱，但不能再继续增加曝光时间的情况下进行调节的参数。调大增益参数也会引入噪声。因此，曝光时间和增益参数都应该根据实际成像需要调节到合理的值，不能过高，也不能过低。

知识点 8.3.3　平滑系数

平滑系数是对图像做预处理，主要起去除噪点的作用。平滑系数越大，对噪点的去除力度就越大，反之则越小。但平滑系数过大会使图像更加模糊，从而找不到特征点，因此这里需要降低平滑系数。查找特征点中的"阈值"指查找的图像边缘的灰度变化。"找点个数"是在框选区域需要查找的点数。

工作手册

姓名:	学号:	班级:	日期:

物流包裹检测及分拣之脚本编写与检测工作手册

任务接收

表 8.3.1　任务分配

序号	角色	姓名	学号	分工
1	组长			
2	组员			
3	组员			
4	组员			
5	组员			

任务准备

表 8.3.2　工作方案设计

序号	工作内容	负责人
1		
2		
3		
4		

表 8.3.3　实训设备、工具与耗材清单

序号	名称	型号与规格	数量	备注
1				
2				
3				
4				
5				
领取人:	归还人:			

任务实施

（1）完整的物流包裹检测及分拣软件操作。

表 8.3.4　任务实施 1

内容	描述	
操作软件完成物流包裹检测及分拣		
结果显示		
负责人		验收签字	

课堂
笔记

（2）描述脚本编写与检测工作流程。

表 8.3.5 任务实施 2

内容	描述	
脚本编写与检测工作流程		
负责人	验收签字	

任务拓展

联系自己日常生活中取快递的过程或者取快递的方式改变,思考包裹检测与分拣的利弊，指出可以优化的地方。

课后作业

在软件中调整"曝光"与"增益"参数，自行探索二者对成像质量的影响。

课堂
笔记

参 考 文 献

陈明，张光新，向宏，2021. 智能制造导论[M]. 北京：机械工业出版社.

工业和信息化部，国家标准化管理委员会，2018. 国家智能制造标准体系建设指南（2018 年版）[J]. 机械工业标准化与质量（12）：7-14.

人力资源社会保障部专业技术人员管理司，2021. 智能制造工程技术人员：初级：智能制造共性技术[M]. 北京：中国人事出版社.

游青山，赵悦，黄崇富，2021. 智能传感器技术应用[M]. 北京：科学出版社.